KB025740

생명과학이 이렇게 쉬울 리 없어

생명과학이 이렇게 쉬울 리 없어

윤자영 지음

생각학교

프롤로그

안녕하세요. 추리소설 쓰는 과학 선생님입니다. 저는 인천의 한 고등학교에서 생명과학을 가르치고 있고, 인천광역시 생명과학교과연구회 회장을 역임했어요. 요즘에는 학교에서 배우는 과학 지식을 적용한 소설도 쓰고 있습니다.

제가 수업 시간에 '귓속털 과다증'에 대해 가르칠 때였어요. 이는 귓속에 머리카락 같은 긴 털이 나는 증상으로, 유전자가 Y염색체에 있어서 남자에게만 유전되지요. 그런데 한 남학생이 "여자에게 나타나면 재밌겠다"라고 하는 겁니다. 방금 전에 남자에게만 나타난다고 설명했는데 말이죠! 물론 이 학생은 그런 상황을 상상한 거겠지만, 안타깝게도 학생들이 증상만 기억하고 개념과 원리를 이해하지 못하는 경우도 있어요.

학생들이 생명과학을 어려워하는 이유 중 하나가 '외울 것이 많다'입니다. 우리 몸에서 나오는 호르몬의 이름도 못 외우겠는데 그 기능까지 외우라니! 그래서 생명과학이 점점 싫어지게 되죠. 하지만 과학을 공부할 땐 기계적인 암기가 아니라, 자연스러운 이해가 중요해요. 이 책은 여러분이 중학교에서 만나는 다양한 생명과학의 개념을 이야기처럼 편안하게 풀어가고 있습니다. 여러분이 이 개념들을 실생활에 적용하다 보면 과학을 더욱 즐겁게 공부할 수 있지요. 밥을 먹으면서 '자, 탄수화물을 섭취했으니 이를 포도당으로 분해해볼까'라고 떠올린다거나, 삼겹살을 굽다가 기름이 튀자 자신도 모르게 팔을 접었다면 '지금 내 몸을 구하기 위해 무조건 반사가 일어났군'이라고 되새김하는 거예요. 이렇게 자연스럽게 이해하고 적용하다 보면, 더 이상 과학 개념이 어려운 과제로만 느껴지지 않을 겁니다.

코로나19로 우리 모두가 힘든 일상을 지내고 있어요. 하지만 세계의 생물학자들은 반드시 안전한 백신과 치료제를 개발해 평화로운 시대로 돌려놓을 거라고 믿습니다. 이 책을 읽는 여러분 중에서도 위대한 생물학자가 나오길 기대하며, 이 책이 그 길잡이가 되길 바랍니다.

2022년 1월

윤자영

차례

3부 식물이 양분과 에너지를 얻는 방법은 무엇일까

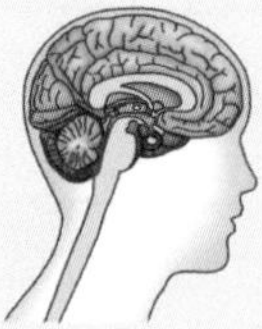

4부 우리는 어떤 과정으로 자극에 반응하고, 체온을 조절할까

1부

생명과학이란
무엇일까

1

생물은 어떤 특성이 있을까?

어제와 다르게 자랐다면 생물이라고 할 수 있을까요?

생물의 몸을 이루는 가장 작은 단위는 무엇일까요?

사막여우의 귀가 큰 이유는 생물의 어떤 특성과 관련이 있을까요?

여기저기 퍼져 나가는 감기 바이러스는 생물일까요?

여러분, 고양이는 생물일까요? 꽃이나 나무는요? 예, 맞아요. 고양이와 꽃과 나무는 모두 생물이에요. 너무 당연한 말이라고요? 그럼 생물이란 무엇일까요? 이번에는 명확하게 대답하기가 어렵죠? 어떤 친구들은 '살아 있는 것'이라고 말할지도 모르겠군요. 그런데 '살아 있다'는 건 무슨 뜻일까요? 과학에서는 몇 가지 특성을 기준으로 생물인가 아닌가를 구별해요. 지금부터 그 특성들을 하나씩 살펴볼게요.

우리가 '생물'의 기준이라고 생각하는 것들

눈앞에 로봇이 있다고 상상해보세요. 인간과 외모가 매우 흡사하고, 인간의 말에 따라 대응하며, 감정까지 표현하는 휴머노이드 로봇이에요. 그런데 이 로봇을 '생물'이라고 할 수 있을까요? 얼핏 착각할 순 있지만 생물은 아니에요. 왜일까요?

여러분은 생물의 기준이 뭐라고 생각하나요?

움직이는 것이라고요? 잠시 책에서 눈을 떼고 창밖을 볼게요. 바삐 걸어가는 사람들과 산책하는 강아지가 보이네요. 맞은편 건물 옥상에는 바람에 펄럭이는 태극기도 보여요. 하지만 태극기는 사람이나 강아지와 달리 생물이 아니죠.

자라나는 것이라고요? 봄이면 새싹이 돋아 자라나는 꽃이나 풀은 생물이에요. 하지만 겨울철 처마 끝에 매달린 고드름이나 석회 동굴 천장에 달린 종유석을 떠올려보세요. 계속 자라나지만 생물은 아니

랍니다.

수가 늘어나는 것이라고요? 연못이나 늪 등에 사는 아메바는 하나의 세포로 이뤄진 생물인데, 하나의 세포가 똑같이 둘로 나뉘는 '이분법'으로 번식해요. 그런데 이렇게 수가 많아지면 생물일까요? 바위는 세월이 지나면서 그 틈에 있던 물이 얼거나 식물 뿌리가 자라면 여러 조각으로 부서지죠. 하지만 바위를 생물이라고 부르진 않아요.

숨을 쉬는 것이라고요? 오, 좋은 의견입니다. 그런데 숨 쉬는 것을 과학적으로 설명해볼게요. 우리는 살아가기 위한 에너지를 얻기 위해 영양소를 섭취해요. **세포 호흡**이란 산소를 이용해 영양소를 분해함으로써 에너지를 얻고 그 노폐물인 물과 이산화 탄소 등을 내보내는 과정인데, 코로 숨을 쉬는 건 이 과정의 일환입니다. 그런데 이 같은 과정이 자동차에서도 일어난다는 사실을 알고 있나요? 자동차에 휘발유를 넣고 산소를 이용해 태우면 운동 에너지가 만들어지고, 물과 이산화 탄소 등이 방출되죠. 하지만 자동차는 생물이 아니에요.

그럼 도대체 생물은 뭐냐고요~!

과학에서 말하는 생물의 일곱 가지 특성

세상에는 수많은 생물과 비생물이 있어요. 그런데 과학에서는 생물과 비생물을 어떤 기준으로 구별할까요? 명확하진 않지만, 과학에서는 보통 다음과 같은 일곱 가지 특성이 있는 것을 생물이라고 정의해요. 우리가 공부할 생명과학 내용의 대부분은 이 일곱 가지 특성을 자세히 배우는 거죠. 그래서 생물의 특성을 아는 것은 생명과학 전체의 개념을 아는 것과 같아요. 이제 본격적으로 생물의 일곱 가지 특성을 배워볼까요?

하나, 세포로 이뤄져 있어요.

앞서 아메바는 하나의 세포가 똑같이 둘로 나뉘면서 번식한다고 했어요. 그런데 이 과정을 어떻게 알 수 있었을까요? 바로 현미경 덕분이에요. 현미경이 개발되자 과학자들은 생물을 자세히 관찰할 수 있었어요. 그러다가 모든 생물은 작은 방처럼 생긴 기본 단위, 즉 **세포**로 이뤄졌다는 사실을 알게 됐죠. 세포를 영어로는 'cell'이라고 부르는데, 이는 '작은 방'을 의미해요.

한마디로 세포는 생물의 몸을 이루는 가장 작은 단위예요. 여러분도 초등학교 때 현미경으로 양파의 표피 세포를 관찰한 적이 있을 텐데요. 육각형 구조 같은 모습이고, 그 안에 동그란 핵이 있었죠? 세포의 모양과 크기는 매우 다양하니, 책이나 인터넷 자료를 통해 여러 세포의 사진을 확인해봐도 좋겠네요.

둘, 물질대사를 해요.

물질대사란 뭘까요? 간단히 말하면 '생물의 몸 안에서 일어나는 물질의 분해와 합성'이에요. 그중 고분자 물질을 저분자 물질로 분해하는 과정을 **이화 작용**, 저분자 물질을 고분자 물질로 합성하는 과정을 **동화 작용**이라고 하죠. 고분자, 저분자라는 말이 어렵다고요? 쉽게 말해, 고분자 물질은 덩어리가 큰 물질이고, 저분자 물질은 덩어리가 작은 물질이라고 이해하면 돼요.

이제 이화 작용과 동화 작용을 각각 살펴볼게요. 우리는 숨을 쉬면서 산소를 받아들이고 이산화 탄소를 내보내는데, 그렇다면 우리 몸에는 왜 산소가 필요할까요? 그렇죠. 조금 전에 말했듯이, 살아가는 데 필요한 에너지를 얻기 위해서예요. 식사를 통해 흡수된 영양소가 산소와 반응해 물과 이산화 탄소 등으로 '분해'되면서 에너지를 얻게 되거든요. 그러니까 세포 호흡은 이화 작용의 한 예입니다.

동화 작용의 대표적인 예로는 광합성이 있어요. **광합성**은 식물이 살아가는 데 필요한 양분을 만드는 과정으로, 빛과 물과 이산화 탄소를 이용해 포도당을 '합성'하죠.

셋, 자극에 대해 반응해요.

식물은 움직이지 못하므로 광합성을 통해 양분을 스스로 만들어야 해요. 이 과정에서 빛에너지는 매우 중요한 요인인데, 빛의 세기에 따라 광합성량이 달라지기 때문이에요. 그래서 식물은 빛을 많이 받기 위해 잎과 줄기가 빛이 오는 방향으로 점점 구부러져요. 식물이 빛 자극에 반응하는 거죠.

사람의 경우는 어떨까요? 우리의 시각·청각·후각·미각·피부 감각은 자극을 감지하는 작용이에요. 예를 들어, 눈으로 보는 것은 빛 자극에 대한 감지이고, 냄새를 맡는 것은 콧속의 후각 세포가 기체 상태의 화학 물질을 자극으로 받아들인 거죠. 그리고 자극을 감지

한 후에는 적절한 반응이 일어나요. 손에 뜨거운 냄비가 닿으면 손이 냄비에서 저절로 떨어지는데, 피부에서 열 자극을 받아 손을 피하는 반응을 한 거예요.

넷, 항상성을 유지해요.

항상성이란 말을 들어본 적이 있나요? **항상성**은 생물이 몸 안팎의 환경 변화에 대응해 생존에 적합한 상태를 일정하게 유지하려는 성질이에요. 항상성의 예를 들어볼게요.

한여름에 달리기를 하면 땀이 많이 나죠? 이는 땀을 증발시킴으로써 높아진 체온을 내려, 체온을 평상시대로 유지하기 위한 작용이에요. 여름에는 기온도 높고 운동을 하면 몸에서 열이 발생하므로 체온이 올라가요. 그런데 사람은 약 36.5℃의 체온을 유지해야 해요. 이것이 생명 활동을 활발하고 효율적으로 하기 위한 최적의 온도이기 때문이에요. 반대로 겨울에는 어떨까요? 추우면 몸이 덜덜 떨리고, 소름이 돋아요. 이는 근육을 움직여 열 발생을 늘리고, 살갗을 오그려 몸 밖으로 방출되는 열을 줄임으로써 체온을 유지하려는 작용입니다.

다섯, 발생과 생장을 해요.

개구리 알이 부화하면 올챙이가 돼요. 그리고 동요 가사처럼 '뒷다리가 쑥, 앞다리가 쑥' 나와서 점차 개구리가 되지요. 사람도 마찬가지예요. 정자와 난자가 만나 만들어진 세포, 그러니까 수정란이 엄마의 배 속에서 태아가 되고, 아기로 태어나 어른이 되거든요. 이때 하나의 세포가 생물 개체로 변화되는 과정을 **발생**이라고 하고, 태어나서 자라는 과정을 **생장**이라고 해요. 그런데 개구리의 경우에는 알에서 올챙이를 거쳐 어린 개구리가 되는 과정이 발생이고, 어린 개구리가 자라는 과정이 생장이에요.

여섯, 생식과 유전이 일어나요.

여러분, "콩 심은 데 콩 나고 팥 심은 데 팥 난다"라는 속담을 들어봤지요? 이 말은 생식과 유전의 특징을 명확하게 설명해줘요. 생물은 생식을 통해 자손을 만들고, 자손은 유전을 통해 부모를 닮죠. 콩은 생식의 결과로 만들어진 씨앗이고, 여기에는 유전자가 들어 있어요. 그래서 콩을 심으면 그 유전자대로 콩이 나는 거예요. 콩을 심었는데 팥이 나면 안 되겠죠?

일곱, 적응과 진화를 해요.

선인장은 왜 뾰족한 가시가 있을까요? 식물은 광합성을 할 때 이산화 탄소를 흡수하기 위해 잎의 기공을 여는데, 이때 수분이 빠져나가요. 선인장이 사는 사막은 건조한 환경이기에 수분 증발이 더 잘 일어나죠. 그래서 수분 손실을 줄이기 위해 잎이 뾰족한 가시로 변한 선인장이 살아남게 됐어요. 이처럼 환경에서 살아남기에 적합한 특징이 자손에게 전달되는 것을 **적응**이라고 해요.

사막여우와 북극여우의 귀도 적응의 예입니다. 사막여우는 귀가 매우 큰 반면, 북극여우는 귀가 작아요. 사막은 기온이 높아 얇고 큰 귀로 열을 잘 방출해야 하지만, 북극처럼 추운 지방에서는 열 손실을 최소화해야 하므로 귀가 작아야 유리하거든요.

다음으로, 진화는 뭘까요? **진화**는 생물의 세대가 거듭되면서 일어

나는, 집단 내 유전적 구성의 변화예요. 영국의 생물학자인 찰스 다윈은 진화와 관련해서 '자연선택설'을 주장했는데, 기린의 목 길이를 예로 들어 이 학설을 간단히 설명해볼게요.

사람의 키가 저마다 다르듯이, 원래 기린의 목 길이도 제각각이었어요. 그중 상대적으로 목이 긴 기린은 높은 곳의 먹이를 먹을 수 있기에 살아남을 확률이 높았지요. 그렇게 살아남은 기린끼리 자손을 남기게 되고, 세대가 거듭되면서 기린의 목이 길어진 거예요. 즉, 기린 집단 내에서 목을 길게 만드는 유전자가 많아진 겁니다.

바이러스,
너도 생물이니?

2020년부터 지금까지, 우리는 코로나19코로나바이러스감염증-19(COVID-19) 바이러스 때문에 학교도 제대로 가지 못하고, 친구들과도 마음껏 뛰어놀지 못하는 나날을 보내고 있어요. 참 무서운 바이러스죠? 이 외에도 겨울이면 자주 걸리는 감기 역시 바이러스에 의해 생기는 질병이에요. 이처럼 바이러스는 이 사람 저 사람에게 옮겨 다니면서 증식해요. 그렇다면 바이러스도 생물이라고 할 수 있을까요?

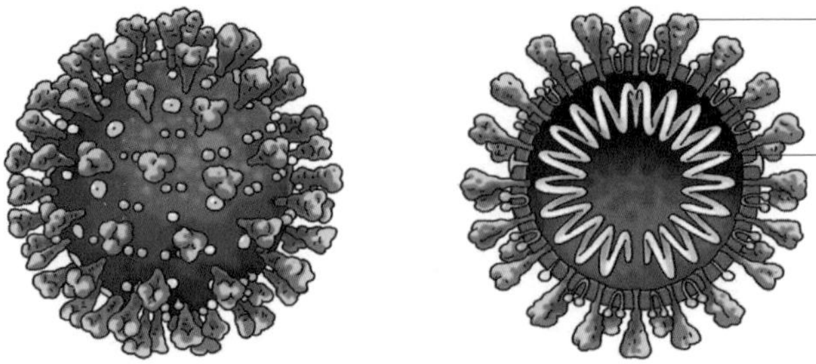

▲ 코로나19 바이러스의 모형

증식, 그러니까 생식은 생물의 주요 특성이에요. 하지만 바이러스는 생물의 특성을 모두 만족하지는 않아요. 코로나19 바이러스의 모형을 본 적이 있나요? 코로나19 바이러스는 우리가 흔히 알고 있는 세포의 모양과 달라요. 겉 부분에 뾰족뾰족한 단백질이 솟아 있고, 안쪽에 유전 물질RNA이 있죠. 그러니까 코로나19 바이러스는 세포막으로 싸여 있지도 않고 안쪽에 핵이나 엽록체 같은 '세포 소기관'도 없으므로 세포라고 할 수 없어요. 세포의 구조에 대해서는 잠시 후에 더 알아볼게요.

바이러스의 생물적 특성을 더 살펴보면, 바이러스는 유전 물질인 DNA 혹은 RNA를 가지고 있어요.* 이 바이러스의 유전 물질이 숙주기생하는 생물에게 영양을 공급하는 생물의 세포에 들어가면 숙주 세포의 효소와 세포 소기관을 이용해 물질대사와 증식을 하죠. 이 과정에서 숙주 세포가 손상되어 질병을 일으키는 겁니다. 하지만 바이러스는 숙주 세포를 떠나서는 물질대사와 증식 및 유전을 할 수 없으므로, 단백질 덩어리인 육포와 같은 비생물일 뿐이에요.

바이러스는 또 다른 생물적 특성도 있어요. 그건 무엇일까요? 코로나19 바이러스는 어느 날 갑자기 하늘에서 뚝 떨어진 게 아니에요. 기존 바이러스에서 변이되어 생겨났고, 계속 변이가 일어난다는 연구 결과가 보고되고 있지요. 바이러스도 생물처럼 적응과 진화를 한다고 할 수 있겠군요. 단, 바이러스의 적응과 진화는 숙주 세포 내에서만 일어나요.

조류 독감이라는 전염병을 한 번쯤 들어봤을 거예요. 이 병은 숙주 세포가 조류의 세포여서 조류 독감이라고 불러요. 인간은 걸리지 않아서 다행이죠? 그런데 뉴스를 보면 조류 독감이 발생해서 인근의

함께 생각해요!

* **DNA와 RNA :** DNA(deoxyribonucleic acid)는 유전 정보를 담고 있기에 '생명의 설계도'라고 표현돼요. DNA는 이중 나선 모양이며, 매우 안정하므로 변이가 거의 없어요. 그리고 이 DNA 설계도 원본의 필요한 부분을 복사한 것이 RNA(ribonucleic acid)예요. 즉, DNA의 유전 정보는 RNA로 전달돼요. RNA는 단일 사슬 모양이며, 불안정하므로 변이가 많이 일어나요. 이 RNA에 담긴 유전 정보가 단백질 합성에 이용되는데, 세포 소기관 중 하나인 리보솜에서 RNA가 전달한 유전 정보에 따라 단백질을 만들어요.

세포로 구성	물질대사	자극에 반응	항상성	발생과 생장	생식과 유전	적응과 진화
×	○ (숙주 세포 내)	×	×	×	○ (숙주 세포 내)	○ (숙주 세포 내)

▲ 생물과 구분되는 바이러스의 특성

닭까지 살처분한다는 보도가 종종 나오곤 해요. 인간에게 전염되지 않는데 왜 멀쩡한 닭까지 없애야 할까요? 조류 독감 바이러스가 적응과 진화를 하기 때문이에요. 만약 조류 독감 바이러스가 변이되어 인간의 몸에서도 증식하면 어떻게 될까요? 코로나19 바이러스로 힘들었던 경험이 또다시 반복될지 몰라요. 어쩌면 그보다 더 강력할지도 모르니 생각만 해도 아찔하네요.

바이러스는 유전 물질을 가지고 있는 작은 단백질 덩어리이므로, 자극에 대한 반응, 항상성, 발생과 생장의 특성은 없어요.

그럼 지금까지 살펴본 바이러스는 생물일까요, 비생물일까요? 위의 사실들을 보면 한마디로 정의할 수 없겠군요. 단지 여러 과학자들의 말처럼 '숙주 세포의 몸을 빌려서 살아가는 것' 정도로 이해하면 되겠습니다.

아하! 심화개념

치료제와 백신은 어떤 원리로 만들까?

코로나19로 인해 전 세계적으로 고통받고 있는 요즘이에요. 하지만 이를 이겨내기 위한 노력은 계속되고 있어요. 코로나19에 걸렸다가 회복된 사람들의 혈액을 이용해 치료제를 만들려고 연구 중이고, 임상 시험을 통과한 백신vaccine을 배포하고 있죠. 그렇다면 치료제와 백신은 어떻게 다를까요?

우리 몸은 질병에 대항하는 시스템이 있어요. 감기는 감기 바이러스가 우리 몸의 세포에 침투해 걸리는데, 우리는 감기로 열과 기침이 나면 병원에 가서 약을 지어 먹어요. 하지만 감기 바이러스를 없애는 약은 없으며, 해열제나 항생제, 콧물을 줄여주는 약일 뿐이에요. 심지어 병원에 가지 않아도 일주일 정도 지나면 감기가 저절로 낫기도 해요. 왜 그럴까요? 우리 몸에서 감기 바이러스에 대항하는 '항체'를 만들기 때문이에요.

항체는 일종의 집게라고 생각하면 돼요. 항체는 병원체병의 원인이 되는 세균이나 바이러스 등에 결합해 우리 몸의 세포 속으로 침투하지 못하게 하고, 백혈구가 제거할 수 있도록 병원체를 잡고 있죠. 코로나19에 걸렸

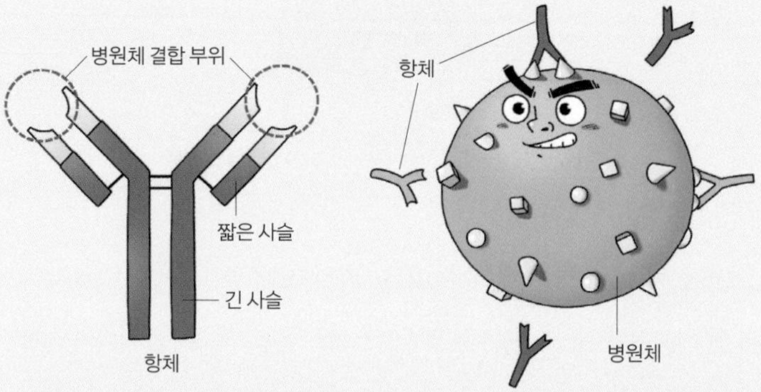

▲ 항체의 구조(왼쪽)와 병원체와 결합한 항체의 모습(오른쪽)
항체는 단백질로 구성되며, 알파벳 Y자 모양이다. Y자 모양의 윗부분이 병원체와 결합하는 부위로, 특정 병원체를 인식해 결합한다.

다가 회복된 사람의 혈액에는 코로나19 바이러스에 대한 항체가 있어서, 이 혈액을 이용해 치료제를 만들 수 있는 거예요.

그럼 백신은 뭘까요? 한마디로 '병의 원인이 되는 물질'이에요. 백신은 독성을 약화시킨 균이나 바이러스로, 이를 우리 몸에 넣어 의도적으로 항체를 만들게 하죠. 백신 주사를 흔히 예방 주사라고 해요. 어릴 때 예방 주사를 맞으면 몸에서 항체가 만들어지므로, 그 병을 일으키는 균이나 바이러스가 몸에 침투했을 때 병이 발현되기 전에 제거할 수 있어요.

그런데 독감 백신은 왜 매년 맞아야 할까요? 독감인플루엔자 바이러스는 단일 사슬 모양인 RNA를 유전 물질로 가지므로, 변이가 잘 일어나기 때문이에요. 우리 몸이 항체를 만들었어도 RNA의 변이로 바이러스 겉 부분의 모양이 변해버리면, 기존의 항체 집게로는 잡을 수 없지요.

빨리 안전한 코로나19 치료제와 백신이 만들어져서 친구들과 즐겁게 만나고, 공부도 맘 편히 할 수 있는 날이 오면 좋겠네요.

2부

동물은 어떻게
생명 활동을 유지할까

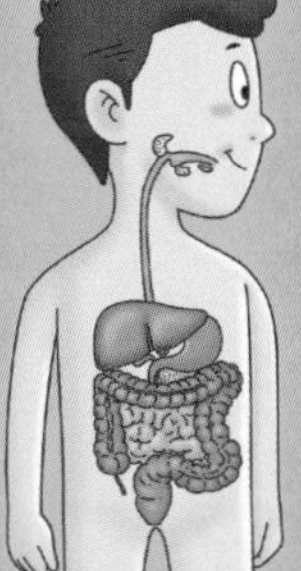

혈액 속에도 세포가 있을까요?

우리가 섭취하는 탄수화물은 대부분 어디에 쓰일까요?

1

입에서 장까지, 영양소의 분해와 흡수

| 소화 |

위에서는 모든 영양소의 소화가 일어날까요?

소장 안쪽 벽에는 왜 주름과 융털이 많을까요?

생물이 살아가기 위해서는 영양소가 필요해요. 그런데 식물은 광합성을 해서 스스로 양분을 만들지만, 사람을 포함한 동물은 스스로 양분을 만들지 못해요. 그 대신 음식물을 먹고 이를 소화해서 영양소를 얻지요. 사람의 소화는 어떤 과정으로 일어나며, 영양소는 어떻게 몸속으로 흡수될까요? 이번 단원에서 소화계에 대한 궁금증을 풀어볼게요.

생물의 몸은 어떻게 구성될까?

참, 우리 몸에서 소화가 일어나는 과정을 알아보기에 앞서, 우리 몸이 어떻게 구성되는지를 이야기할게요. 여러분, '생물의 몸을 이루는 기본 단위'를 뭐라고 했죠? 맞아요. 세포예요. 아래 그림은 식물 세포와 동물 세포의 구조를 간단하게 나타낸 거예요.

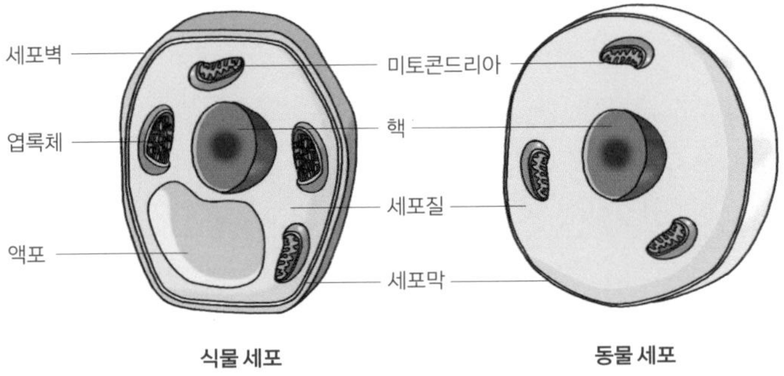

▲ 식물 세포와 동물 세포의 구조

그런데 여러분은 이미 초등학교 때 세포에 대해 배웠어요. 그때의 기억을 한번 떠올려볼까요?

잠깐! 초등개념

식물 세포 vs 동물 세포

모든 생물은 세포로 이뤄져요. 대부분의 세포는 매우 작아서 현미경으로 관찰할 수 있죠. 그런데 식물 세포와 동물 세포를 관찰하다 보면, 공통점과 차이점을 발견할 수 있어요.
식물 세포와 동물 세포는 어떤 점이 같을까요? 이들은 모두 안쪽에 핵이 있고 세포막으로 둘러싸여 있어요. 세포의 핵에는 생물에서 가장 중요한 '유전자'가 들어 있고, 세포막은 세포 안과 밖으로 드나드는 물질의 출입을 조절합니다. 한편 식물 세포에는 동물 세포와 달리, 세포벽이 있어요. 세포벽은 세포막 바깥을 둘러싼 벽으로, 세포를 보호하고 세포의 모양을 유지하는 역할을 해요.

우리 몸을 구성하는 세포의 기능은 조금씩 다르지만, 세포의 구조는 비슷해요. 세포의 구조를 조금 더 이야기할 텐데, 앞에 있는 식물 세포와 동물 세포 그림을 보면서 들어보세요.

세포는 얇은 세포막으로 둘러싸여 있어요. 그리고 세포 안에는 핵을 비롯해 여러 가지 작은 기관들이 있는데, 이들을 **세포 소기관**이라고 불러요. **핵**은 생명 활동의 중심으로, 유전자DNA가 들어 있으며, 일반적으로 세포 가운데에 위치해요. 세포에서 핵을 제외한 세포막 안의 부분을 **세포질**이라고 해요. 세포질에는 미토콘드리아, 엽록체, 액포 등 다양한 세포 소기관이 들어 있어요. 그중 **미토콘드리아**는 영양소를 이용해 생체 에너지를 만드는 곳이에요. **엽록체**는 식물 세포에서 볼 수 있는데, 바로 이 엽록체에서 광합성이 일어나요. **액포**는 주로 식물 세포에 있는 기관으로, 물·영양소·세포가 활동할 때 만들어지는 노폐물·색소 등을 저장하거나 물질들의 분해가 일어나는 곳이에요.

그렇다면 수많은 세포들이 모여 어떻게 하나의 개체인 생물이 될까요? 먼저 우리 몸을 예로 들어 동물 몸의 구성 단계를 살펴볼게요.

우리 몸의 세포는 기능에 따라 크게 상피 세포, 근육 세포, 신경 세포, 결합 조직 세포로 나눌 수 있어요. 피부를 구성하는 상피 세포는 가장 바깥쪽에 위치해 몸 안쪽을 보호하고, 근육 세포는 운동을 할 수 있는 근육을 만들죠. 신경 세포는 우리 몸의 신호 전달을 맡아요. 결합 조직 세포는 혈액·인대·뼈 등을 이뤄 몸을 결합하거나 지지하며, 백혈구·연골 세포 등이 그 예입니다.

그리고 기능이 같은 세포들이 모여 조직을 이뤄요. 상피 세포, 근육 세포, 신경 세포, 결합 조직 세포가 모여 각각 상피 조직, 근육 조직, 신경 조직, 결합 조직이 되지요. 그리고 여러 조직이 모여 위, 심장, 폐, 콩팥 등 특유한 기능을 하는 기관을 이루고, 연관된 기능을 하는 기관끼리 모여 기관계를 이뤄요.

예를 들어, 위·소장·대장 등은 음식물의 소화와 흡수를 담당하는 소화계를, 심장과 혈관 등은 여러 가지 물질의 운반을 담당하는 순환계를, 코·기관·폐 등은 산소와 이산화 탄소의 교환을 담당하는 호흡계를 이룹니다. 그럼 콩팥·오줌관·방광 등은 어떤 기관계를 이룰까요? 그렇죠. 노폐물을 걸러 몸 밖으로 내보내는 배설계예요. 이런 여러 기관계가 모여 하나의 개체, 즉 사람이 되는 거예요.

식물의 몸을 구성하는 단계도 동물과 같을까요? 식물은 동물보다 구조가 복잡하지 않아, '세포 → 조직 → 조직계 → 기관 → 개체' 순

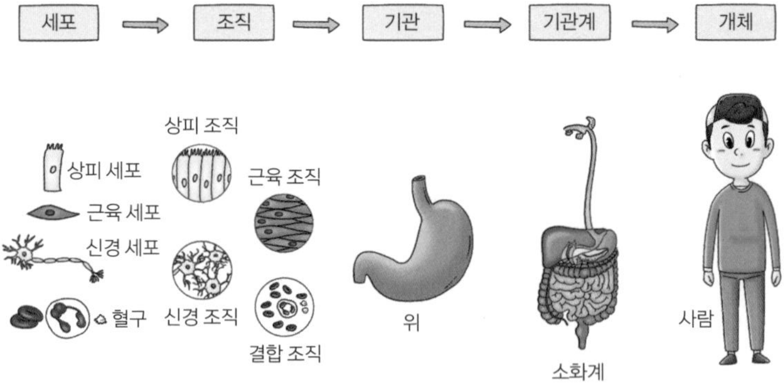

▲ 동물 몸의 구성 단계(사람의 예)

으로 구성돼요. 식물은 세포들이 모여 조직을 이루고, 여러 조직이 모여 조직계를 이루죠. 그중 표피 조직계는 동물의 피부처럼 식물 내부를 보호하는 역할을 하고, 관다발 조직계는 물관부와 체관부로 구성되어 물과 양분이 이동하는 통로 역할을 해요. 기본 조직계는 광합성, 양분 저장, 지지 작용 등 다양한 역할을 합니다. 그리고 여러 조직계가 모여 뿌리·줄기·잎·꽃 같은 기관을 이루고, 기관이 모여 하나의 개체인 식물이 되지요.

우리 몸에 꼭 필요한 여섯 가지 영양소

여러분이 학교에서 가장 기다리는 시간은 아마도 급식 시간이겠죠? 사실 선생님들도 이 시간을 손꼽아 기다린답니다. 음식물에는 우리가 살아가는 데 필요한, 그러니까 우리 몸을 구성하고 생명 활동을 유지하기 위해 필요한 영양소가 들어 있어요. 우리 몸은 어떤 영양소로 구성되어 있고, 생명 활동을 하는 데 꼭 필요한 영양소는 무엇일까요?

우리 몸에 필요한 영양소는 크게 여섯 가지가 있어요. 흔히 3대 영양소와 3부 영양소라고 말하죠. **3대 영양소**는 우리가 생활하는 데 필요한 에너지를 만드는 영양소로, **탄수화물·단백질·지방**이 여기에 해당해요. **3부 영양소**는 에너지를 만들지는 않지만, 우리 몸을 구성하거나 몸의 기능을 조절하는 데 필요한 영양소로, **물·무기염류·바이타민**비타민이 여기에 해당해요.

3대 영양소 중 탄수화물은 주 에너지원이에요. 우리가 먹는 음식물의 대부분이 탄수화물임에도 불구하고, 탄수화물이 몸을 구성하는 비율은 0.6퍼센트밖에 되지 않아요. 왜 그럴까요? 우리가 먹는 탄수화물의 대부분이 에너지원으로 이용되기 때문이에요. 이용되지 않고 남은 탄수화물은 지방으로 바뀌어 저장되지요. 탄수화물은 밥, 국수, 감자, 고구마 등에 많이 들어 있어요.

3대 영양소가 에너지를 만드는 데만 이용되는 건 아니에요. 단백질은 근육과 머리카락 등 우리 몸을 구성해, 물 다음으로 몸에서의 구성 비율이 높아요. 또한 소화 효소, 호르몬, 항체의 재료가 되어 몸의 기능을 조절해요. 단백질은 살코기, 생선, 달걀, 두부 등에 많이 들어 있어요.

지방은 좋은 에너지원이 되어줍니다. 탄수화물과 단백질이 1g당 4kcal킬로칼로리의 열량을 내는 데 비해, 지방은 1g당 9kcal의 열량을 내거든요. 또한 피부밑에 저장되어 몸을 구성하고, 지방 중 스테로이드는 성호르몬을 만들기도 해요. 지방은 땅콩, 버터, 기름 등에 많이 들어 있어요.

3부 영양소 중 물은 우리 몸의 60~70퍼센트나 구성해요. 물이 에너지를 낼 수 있는 것도 아닌데, 왜 이렇게 많은 부분을 차지할까요? 그만큼 우리 몸에서 중요하기 때문이에요. 물은 온도가 쉽게 변하지 않아 체온을 36.5℃ 정도로 유지하는 데 도움을 줘요.* 그리고 대부분의 물질을 녹이는 성질이 있어서 우리 몸속에 있는 영양소나 노폐물을 녹여 운반하는 기능을 하죠.

무기염류와 바이타민은 우리 몸의 기능을 조절해요. 예를 들어, 무기염류 중 아이오딘은 갑상샘 호르몬의 성분이 되어 에너지의 생산 속도를 조절하고, 바이타민 A는 시각을 형성하는 데 중요한 물질이에요. 무기염류에는 몸을 구성하는 성분도 있는데, 칼슘은 뼈를 구성하고, 철은 혈액을 구성하는 중요한 영양소예요.

함께 생각해요!

* **물의 비열 :** 뙤약볕이 쨍쨍 내리쬐는 여름철 해수욕장을 떠올려보세요. 모래밭 위를 맨발로 걸으면 무척 뜨겁죠? 하지만 뜨거웠던 발바닥도 바닷물에 담그면 금세 시원해져요. 이는 물의 비열이 매우 크기 때문이에요. 비열이란 어떤 물질 1kg의 온도를 1℃ 높이는 데 필요한 열의 양이에요. 즉, 비열이 클수록 온도를 높이는 데 더 많은 열이 필요하죠. 물은 비열이 크기 때문에 온도가 쉽게 변하지 않아요.

우유의 영양소를 확인해보자

여러분, 우리가 먹는 음식물에는 어떤 영양소가 들어 있는지 궁금하지 않나요? 음식물에 포함된 탄수화물녹말·포도당·엿당·과당·젖당 등, 단백질, 지방은 간단한 실험을 통해 확인할 수 있어요. 아이오딘-아이오딘화 칼륨 용액은 녹말과 반응해 청람색으로, 베네딕트 용액은 포도당·엿당·과당·젖당 같은 당분에 넣고 가열하면 황적색으로, 뷰렛 용액5% 수산화 나트륨 수용액+1% 황산 구리 수용액은 단백질과 반응해 보라색으로, 수단 Ⅲ 용액은 지방과 반응해 선홍색으로 바뀌죠.

그럼 위의 실험으로 우유에는 어떤 영양소가 들어 있는지 알아볼게요. 먼저 네 개의 시험관 A~D를 준비하고, 각 시험관에 우유 10ml밀리리터씩을 넣어요. 그런 후 시험관 A에는 아이오딘-아이오딘화 칼륨 용액을 넣고, 시험관 B에는 베네딕트 용액을 넣은 후 시험관을 80~90℃의 뜨거운 물에 담가둬요. 시험관 C에는 뷰렛 용액을 넣고, 시험관 D에는 수단 Ⅲ 용액을 넣습니다. 자, 시험관 속의 색이 어떻게 변할까요?

그 결과는 다음 표와 같아요.

시험관	검출 용액	시험관 속의 색 변화
A	아이오딘-아이오딘화 칼륨 용액	변화 없음
B	베네딕트 용액	황적색
C	뷰렛 용액	보라색
D	수단 III 용액	선홍색

▲ 우유의 영양소 검출 실험 결과

이때 시험관 A에서는 왜 아무 변화가 없을까요? 우유에는 녹말 성분이 없기 때문이에요. 그리고 시험관 B~D의 색 변화를 통해 우유에는 당분우유에 든 당분은 젖당이에요., 단백질, 지방이 들어 있다는 것을 확인할 수 있어요. 이렇게 우유에는 다양한 영양소가 있으니 많이 마시자고요.

직접 실험하지 않아도 음식물에 들어 있는 영양소를 간단하게 확인할 수 있어요. 혹시 지금 옆에 빵이나 과자 봉지가 있다면, 포장 겉면에 표기된 영양 성분 표를 한번 보세요. 탄수화물이나 단백질, 지방의 함량은 얼마나 되는지, 무기염류의 일종인 나트륨은 얼마나 들어 있는지 등을 한눈에 알 수 있답니다.

영양소는 어디에서, 어떻게 소화될까?

영양소의 기능과 검출 방법까지 알아봤으니, 이번에는 영양소의 소화에 대해 살펴볼까요? 싱싱한 상추에 쌈장을 바르고, 노릇노릇하게 구워진 삼겹살과 흰쌀밥을 올렸어요. 이제 쌈을 잘 오므려 입에 넣고 환상의 맛을 즐기면 되겠군요.

그러고 보니 이 쌈밥에는 3대 영양소인 탄수화물, 지방, 단백질이 모두 들어 있네요. 맛있고 영양 많은 쌈밥을 먹으니 힘이 나는 거 같아요. 그런데 사실 이 단계로는 음식물을 우리가 살아가는 데 이용할 수 없어요. 음식물에 들어 있는 영양소는 세포로 들어갈 정도로 작게 분해되어야 비로소 우리 몸에 흡수되어 에너지원이 되거나 몸을 구성하는 등의 기능을 하거든요. 이렇게 영양소가 우리 몸에 흡수될 수 있도록 분해하는 과정을 **소화**라고 해요.

소화 작용은 크게 기계적 소화와 화학적 소화로 나눠요. 그중 **기계적 소화**는 음식물의 크기를 줄이고 음식물과 소화 효소영양소를 작게 분해하는 물질가 섞이도록 하는 작용이에요. 음식물을 씹어서 잘게 부수는 저작咀 씹을 저, 嚼 씹을 작 운동, 위와 장이 움직여서 소화 효소와 음식물을 잘 섞어주는 운동 등이 기계적 소화의 예죠. 다음으로, **화학적 소화**는 소화 효소에 의해 영양소가 분해되는 작용이에요. 영양소가

잠깐! 초등개념

몸속의 소화 통로, 소화 기관

우리가 음식물을 먹으면 소화가 일어나는데, 이는 음식물을 잘게 쪼개는 과정이에요. 소화가 일어나야 음식물 속에 들어 있는 영양소가 우리 몸으로 흡수될 수 있지요. 그렇다면 소화는 어떤 순서로 일어날까요?

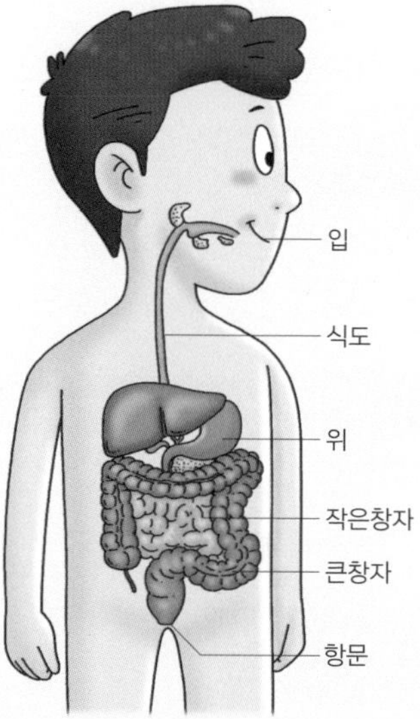

▲ 사람의 소화 기관

가장 먼저 입은 음식물을 이로 잘게 부수고, 혀로 음식물과 침을 섞어요. 침에는 소화를 돕는 물질이 있죠. 이후 삼킨 음식물은 식도를 통해 주머니 모양인 위로 이동해요. 그러면 위에서 소화를 돕는 물질이 나와 음식물과 섞이고, 음식물이 잘게 쪼개져요. 음식물이 위에서 작은창자[소장]로 넘어가면, 여기서도 소화를 돕는 물질이 음식물을 잘게 분해하지요. 또한 작은창자에서는 영양소의 흡수도 일어나요. 이제 작은창자를 지난 음식물 찌꺼기는 큰창자[대장]에서 수분이 흡수된 후, 항문으로 나오게 돼요. 이 과정에서 간, 쓸개, 이자 등이 소화를 돕습니다.

세포막을 통과해 세포로 흡수되려면 그 크기가 굉장히 작아야 하는데, 씹기만 해서는 그 정도로 분해될 수 없거든요.

영양소는 소화계에서 어떤 물질로 최종 분해될까요? 먼저 탄수화물은 하나의 당으로 분해되어야 해요. 그래서 탄수화물인 녹말은 포도당으로 분해되죠. 그리고 단백질은 아미노산으로, 지방은 지방산과 모노글리세리드로 분해돼요. 이런 과정을 거쳐야 영양소가 소장에서 우리 몸으로 흡수될 수 있어요.

소화계는 입·식도·위·소장·대장·항문 등 음식물이 직접 지나가는 소화관과, 침샘·간·쓸개·이자 등 소화를 도와주는 기관으로 구성돼요. 이제부터 각 기관에서 일어나는 소화 과정과 소화 효소의 작용을 차근차근 살펴볼게요.

소화의 시작은 입에서부터

밥을 입에 넣고 오래 씹으면 단맛이 나죠? 입에서 화학적 소화가 일어났다는 증거예요. 침샘에서 입속으로 분비되는 침에는 **아밀레이스**라는 소화 효소가 들어 있어요. 아밀레이스는 녹말을 엿당으로 분해하는데, 이 엿당이 단맛을 내는 거예요.

밥을 오래 씹으면 표면적이 증가해 아밀레이스가 충분히 작용하겠죠? 그러니까 밥을 먹을 땐 꼭꼭 오래 씹어야 단맛도 느낄 수 있고 소화도 잘돼요.

단백질을 분해하는 위

입에서 잘게 부순 음식물을 삼키면 식도를 따라 위로 내려가요. 위는 주머니처럼 생겼고, 근육으로 이뤄졌어요. 그리고 위벽에서 분비되는 위액에는 소화 효소인 **펩신**과 함께 염산이 들어 있어요. 강한 산성 물질인 염산이 우리 몸에서 분비된다니 놀랍지 않나요? 덕분에 음식물과 함께 들어온 세균은 이 염산에 의해 살균돼요. 또한 염산은 펩신의 작용을 돕기도 해요. 소화 효소인 펩신은 단백질을 듬성듬성 자르는 역할을 하죠. 우리는 흔히 소화의 대부분이 위에서 일어난다고 생각하는데, 위에서는 3대 영양소 중 단백질만 분해되고 그조차 아직 완료된 상태가 아니에요.

그런데 잠깐만요! 위는 근육, 그러니까 단백질로 이뤄졌는데, 펩신이 위도 소화시키면 어떡하죠? 하지만 걱정할 필요 없어요! 이를 막기 위해 위는 하나의 장치를 마련했거든요. 바로 **뮤신**이라는 점액을 분비하는 거예요. 뮤신은 펩신에 의해 위벽이 소화되는 것을 막아줘요. 더구나 위벽의 상피 세포는 재생되는 속도가 빠르답니다.

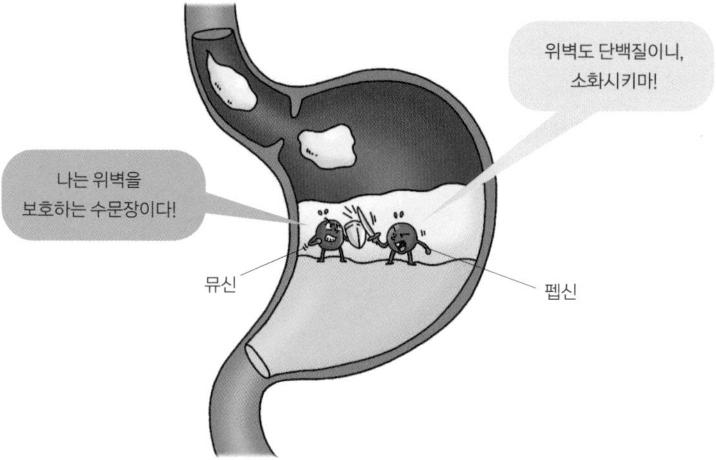

소장에서 일어나는 활발한 소화

다음으로 음식물은 위에서 소장으로 가요. 소장의 윗부분으로는 이자액과 쓸개즙이 분비되는데,* 이자액에는 3대 영양소를 분해하는 **아밀레이스, 트립신, 라이페이스**라는 소화 효소가 들어 있어요. 소장에서 아밀레이스는 녹말을 엿당으로, 트립신은 단백질을 아미노산이 여러 개 결합된 펩타이드로, 라이페이스는 지방을 지방산과 모노글리세리드로 분해하죠. 쓸개즙은 소화 효소는 없지만 지방 덩어리를 작게 만들어 지방의 소화를 도와요. 또한 소장에도 탄수화물 소화 효소와 단백질 소화 효소가 있어요.

이런 소화 효소들 덕분에 3대 영양소는 최종적으로 포도당, 아미노산, 지방산과 모노글리세리드로 분해되어 몸속 세포로 흡수될 수 있어요. 소장에서는 영양소의 흡수까지 일어나는데, 이 과정은 잠시 후에 자세히 알아볼게요.

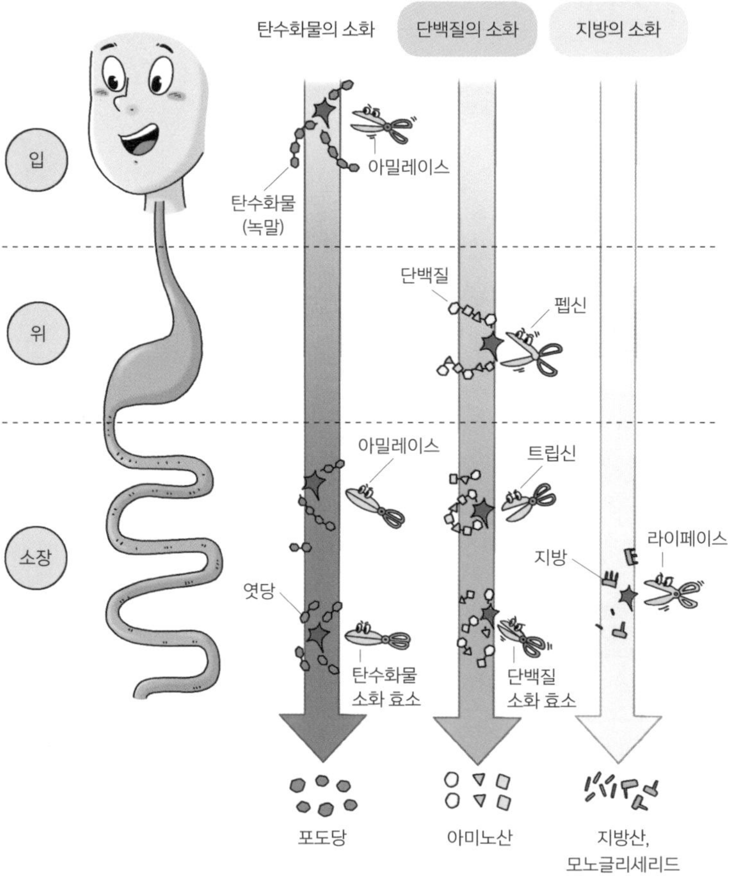

▲ 3대 영양소의 소화 과정

음식물 찌꺼기 속 수분이 흡수되는 대장

영양소는 소장에서 흡수되며, 흡수되지 않은 음식물 찌꺼기는 대장으로 이동해요. 그리고 이 찌꺼기가 대장에서 천천히 이동하면서 그 속에 남아 있던 수분이 흡수되죠. 여기서 잠깐! 수분은 대장에서만 흡수된다고 오해하는데, 대장보다 소장에서 더 많은 양의 수분이 흡수된다는 사실을 잊지 마세요. 이렇게 대장에서 수분이 흡수되어 단단해진 찌꺼기는 대변이 되고, 항문을 통해 몸 밖으로 배출돼요.

지금까지 우리 몸속에서 일어나는 영양소의 소화를 알아봤는데요. 정리하면, 소화는 입으로 먹은 음식물을 몸속으로 흡수할 수 있도록 작게 분해하고, 흡수되지 않은 찌꺼기를 대변으로 내보내는 작용이에요.

함께 생각해요!

* **이자액과 쓸개즙 :** 이자(췌장)에서는 탄수화물, 단백질, 지방을 소화하는 효소가 모두 들어 있는 이자액이 만들어져요. 간은 여러 기능이 있는데, 그중에는 소화와 관련된 기능도 있어요. 바로 쓸개즙을 만드는 일이에요. 쓸개즙은 쓸개에 저장되어 있다가, 소화 시 이자액과 함께 소장의 시작 부분(십이지장)으로 분비되어 지방의 소화를 도와요.

소장에서 영양소를 효율적으로 흡수하는 방법

음식물이 소화관을 지나면서 몸속에 흡수될 수 있을 정도로 작게 분해되면, 소장은 이 영양소들을 어떻게 흡수할까요? 소장 안쪽 벽에는 많은 주름이 있고, 주름 표면은 **융털**이라는 수많은 돌기로 덮여 있어요. 이런 주름 구조는 뇌에서도 볼 수 있는데, 왜 이런 구조가 발달되었을까요?

뇌에는 주름이 무척 많아서, 이 주름을 모두 편다면 신문지를 활짝 펼쳐놓은 넓이일 거라고 해요. 뇌의 표면에는 신경 세포들이 있는데, 주름 구조로 부피를 줄였지요. 다시 말해, 주름 구조로 부피당 표면

적을 늘려서 많은 뇌세포를 작은 부피에 넣을 수 있죠. 소장은 주름과 융털이 있어서 그 표면적이 무려 테니스장 넓이약 260㎡와 비슷하다고 예상해요. 이런 구조 덕분에 소화된 영양소를 효율적으로 흡수할 수 있답니다.

소장의 융털 속에는 영양소를 흡수하는 두 가지 관이 있어요. 융털 안쪽 가운데에 암죽관이 있고, 그 주위를 모세 혈관이 싸고 있죠. 영양소를 흡수하는 데 왜 두 개의 경로가 필요할까요? 그건 영양소의 성질 때문이에요. 물과 기름은 서로 섞이지 않죠? 영양소는 물에 잘 녹는 물질과 기름에 잘 녹는 물질로 나뉘거든요.

융털 속 모세 혈관과 암죽관으로는 각각 어떤 영양소가 흡수될까

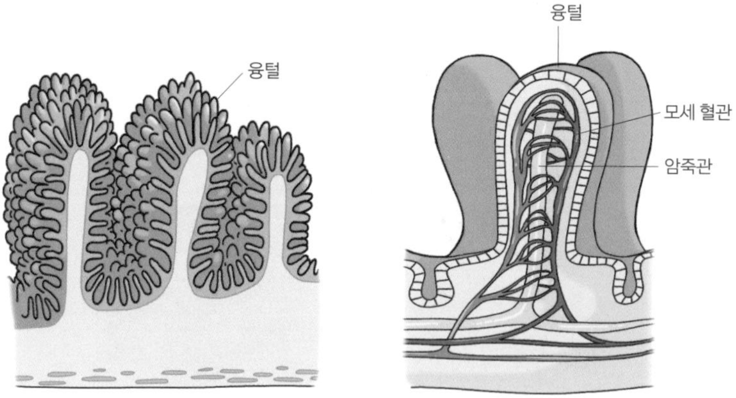

▲ 소장 안쪽 벽의 단면(왼쪽)과 융털의 구조(오른쪽)

요? 물에 잘 녹는 영양소인 포도당, 아미노산, 수용성 바이타민, 무기염류는 모세 혈관으로 흡수돼요. 그리고 기름에 잘 녹는 영양소인 지방산, 모노글리세리드, 지용성 바이타민은 암죽관으로 흡수되죠.

비록 영양소들은 다른 경로로 흡수되지만, 결국 모두 심장으로 이동돼요. 그리고 심장을 거쳐 온몸의 세포로 보내져 필요한 곳에서 사용되지요.

아하! 심화개념

소는 어떻게 풀만 먹고 살까?

탄수화물에는 섬유소라고 부르는 '셀룰로스'도 있어요. 셀룰로스는 식물의 세포벽을 이루는 물질로, 셀룰로스를 분해하면 포도당이 돼요.

하지만 우리는 풀만 먹고 살 수 없는데, 왜 그럴까요? 우리 몸에는 셀룰로스를 포도당으로 분해하는 효소가 없기 때문이에요. 반면, 소와 양 같은 동물은 여러 개의 위가 있고, 여기에 사는 미생물의 작용으로 셀룰로스를 포도당으로 분해할 수 있어요. 이를 통해 활동하는 데 필요한 에너지를 얻고 몸을 구성할 수 있으므로 풀만 먹고도 살 수 있는 거예요.

이처럼 우리는 화학적 소화의 의미로는 채소를 소화하지 못하는데, 굳이 먹어야 할까요? 당연합니다. 우리는 채소를 섭취하면서 그 속에 들어 있는 무기염류와 바이타민 등의 영양소를 흡수할 수 있어요. 게다가 셀룰로스는 음식물이 소화관에서 이동하는 것을 도와주니 채소를 많이 먹어야 해요.

심장이 뛰는 소리는 왜 날까요?

영양소와 산소는 혈액을 통해 어디로 이동할까요?

2

몸속을 끊임없이 도는 혈액

| 순환 |

사람의 피는 왜 빨간색일까요?

동맥혈은 동맥에서 흐르는 혈액일까요?

앗, 저 앞에서 남몰래 좋아하는 선배가 걸어오네요. 혹시 내 심장이 '콩닥콩닥' 뛰는 소리가 상대에게 들리진 않을까, 걱정돼요. 그런데 심장이 뛸 때는 왜 '콩닥콩닥' 소리가 날까요? 이번 단원에서는 심장, 혈관, 혈액 등으로 이뤄진 순환계에 대해 알아볼 거예요. 순환계는 우리 몸속에서 산소와 영양소, 이산화 탄소 등 물질의 운반을 담당하지요. 심장 박동을 통해 일어나는 혈액 순환에는 어떤 이야기가 숨어 있을까요?

우리 몸의 펌프, 심장

심장은 우리 몸의 펌프라고 할 수 있어요. 혈액을 온몸으로 순환시키는 역할을 하기 때문이에요. 앞서 소화 단원에서, 잘게 분해된 영양소는 소장의 모세 혈관과 암죽관으로 흡수되어 심장으로 이동한다고 했지요? 그러면 두꺼운 근육으로 이뤄진 심장은 규칙적인 수축과 이완을 반복해, 즉 강한 펌프 작용을 해 혈액을 순환시킴으로써 온몸의 세포로 영양소를 보내줘요. 또한 호흡을 통해 폐로 들어온 산소도 혈액에 실려 심장으로 이동한 후 온몸의 세포로 운반되고, 온몸의 세포에서 만들어진 이산화 탄소 같은 노폐물 역시 혈액에 실려 운반되지요.

지금부터 심장이 어떻게 생겼고, 어떤 일을 하는지 자세하게 살펴볼게요.

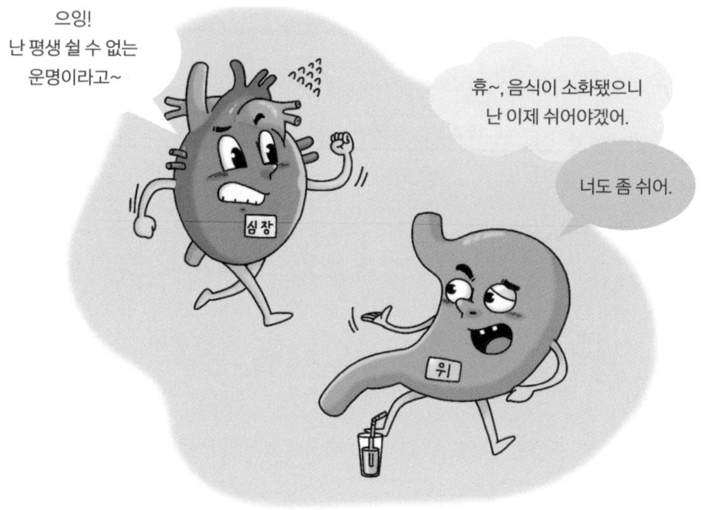

잠깐! 초등개념

혈액을 공급하는 순환 기관

우리 몸속에서는 항상 혈액이 순환하고 있어요. 이는 심장에서 나온 혈액이 혈관을 통해 온몸을 거친 다음 다시 심장으로 돌아오는 과정의 반복이죠. 그래서 심장과 혈관을 순환 기관이라고 해요.

순환 기관의 중심은 심장이에요. 심장은 잠시도 쉬지 않고 펌프 작용을 함으로써, 혈액이 온몸에 퍼져 있는 혈관을 통해 흐를 수 있도록 해주는 아주 중요한 기관이에요. 혈액은 온몸을 돌면서 우리가 살아가는 데 필요한 영양소와 산소를 세포로 공급하죠. 잠시 가슴에 손을 얹어보세요. 콩닥콩닥! 오늘도 심장이 열심히 뛰고 있지요?

심장은 '방실방실'

심장의 실제 모습은 다소 복잡하게 생겼어요. 하지만 이를 간단하게 생각해보면, 심장은 네 개의 구역으로 나눌 수 있지요. 그중 위쪽 두 개는 심장으로 혈액을 받아들이는 부분인 **심방**, 아래쪽 두 개는 심장에서 혈액을 내보내는 부분인 **심실**이에요. 심장이 '방실방실' 웃는다고 기억하면 구조가 쉽게 떠오르겠네요. 심방과 심실은 내 몸을 기준으로 오른쪽은 '우', 왼쪽은 '좌'를 붙여 각각 우심방, 우심실, 좌심

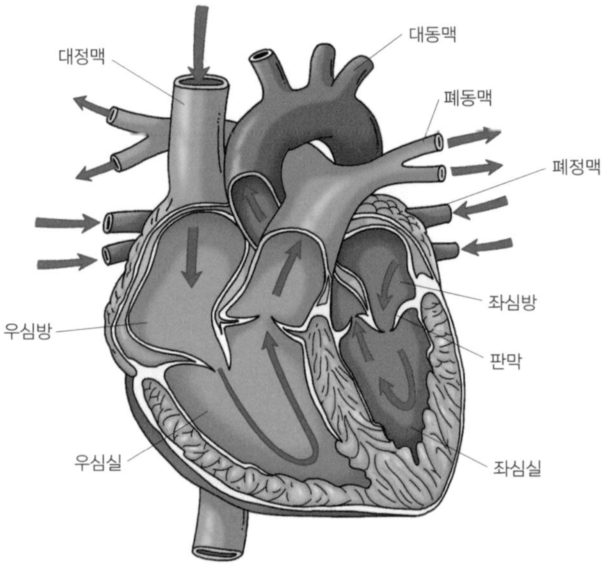

▲ 심장의 구조와 혈액의 흐름(화살표 방향)

방, 좌심실이라고 불러요. 이렇게 사람의 심장은 2심방 2심실로 이뤄져요.

심장에는 혈관이 연결되어 있는데, 심방과 연결된 혈관은 정맥, 심실과 연결된 혈관은 동맥이에요. 그러면 심장에서 혈액은 어느 방향으로 흐를까요? 앞의 심장 그림에 있는 화살표는 혈액의 이동 방향을 나타내요. 이를 보면 대정맥에서 우심방으로, 폐정맥에서 좌심방으로 혈액이 들어가요. 그리고 우심실에서 폐동맥으로, 좌심실에서 대동맥으로 혈액이 나가요. 심장 안에서는 우심방에서 우심실로, 좌심방에서 좌심실로 혈액이 이동하지요.

그렇다면 심방 벽과 심실 벽을 이루는 근육 중에서 어느 쪽이 더 두꺼울까요? 그렇죠. 심장 그림을 보면 알 수 있듯이, 심실의 근육이 더 두꺼워요. 심실에서 강하게 수축해 혈액을 온몸으로 내보내기 위해 근육이 발달한 거예요. 심방은 온몸에서 돌아온 혈액을 받아 가까운 심실로 보내기에, 심방의 근육은 상대적으로 얇아도 된답니다.

혈액의 역류를 막는 판막

심장에는 **판막**이 있어요. 그중 심방과 심실 사이에 있는 것을 '방실 판막', 심실과 동맥 사이에 있는 것을 '반월 판막'이라고 해요. 판막은 일종의 문으로, 한쪽으로만 열리는 문이라고 생각하면 이해하기가 쉬워요. 심방과 심실 사이의 판막은 심실 쪽으로만 열리므로 혈액은 심실에서 심방으로 흐를 수 없고, 오직 심방에서 심실로만 흐르죠. 마찬가지로 심실과 동맥 사이의 판막은 동맥 쪽으로만 열려요.

심장에서 나간 혈액이 다시 심장으로 거꾸로 흐르는 것을 역류라고 해요. 당연한 이야기지만, 혈액이 역류하면 안 되겠죠? 이처럼 혈액은 판막 덕분에 한 방향으로만 흘러 순환할 수 있어요.

자, 이제 단원을 시작할 때 여러분에게 했던 질문, 그러니까 "심장이 뛸 때는 왜 '콩닥콩닥' 소리가 날까요?"에 대한 답을 할 차례군요. 이 소리의 정체는 바로 판막이 닫히는 소리랍니다. 심장이 혈액을 내보내고 이완할 때 혈액의 역류를 막기 위해 방실 판막과 반월 판막이 순차적으로 닫히는데, 이때 나는 소리가 '콩닥콩닥'으로 들리는 거예요.

심장이 펌프라면,
혈관은 수도관

이번에는 심장에 연결된 혈관에 대해 알아볼 시간이에요. 심장이 펌프라면 혈관은 수도관이라고 비유할 수 있어요. 단지 혈관으로는 물 대신 혈액이 흐르고 있지요. 혈관의 종류에는 동맥, 모세 혈관, 정맥이 있어요. 그럼 각 혈관의 특징을 살펴볼게요.

가장 두껍고 탄력성이 강한 혈관: 동맥

동맥은 심장에서 나오는 혈액이 흐르는 혈관이에요. 심장은 두꺼운 근육으로 수축과 이완을 반복하는데, 특히 심실은 근육이 두껍고 탄력성이 강하므로 심실이 수축해 동맥으로 혈액을 내보낼 때는 한 번에 많은 혈액이 나와요. 이렇게 많은 혈액이 지나는 동맥의 두께와 탄력성은 어때야 할까요? 맞아요. 동맥은 심실에서 나오는 혈액의 높은 압력을 버티기 위해 혈관 벽의 두께가 매우 두껍고, 고무처럼 탄력성이 강해요.

온몸에 그물처럼: 모세 혈관

심장에서 멀어질수록 혈관은 얇아지면서 온몸에 그물처럼 퍼져 있는데, 이를 **모세 혈관**이라고 해요. 몸 전체 구석구석까지 연결된 모세 혈관의 길이를 모두 합치면 무려 8만km나 된다는군요. 우와, 지구 둘레가 약 4만km니까 지구를 두 바퀴나 돌 수 있을 만큼 기네요.

모세 혈관 속에서 흐르는 혈액과 모세 혈관 주변의 조직 세포 사이에서는 물질 교환이 일어나요. 이때 모세 혈관 내 혈액 속의 산소와 영양소가 조직 세포로 이동하고, 조직 세포에서 생성된 노폐물이 모세 혈관 내 혈액으로 이동하죠.* 모세 혈관은 혈관 벽이 한 층의 세포로 이뤄져 있어서 매우 얇고, 혈액이 흐르는 속도혈류 속도가 세 종류의 혈관 중 가장 느린데, 이는 물질 교환이 일어나기에 유리한 조건이 돼요.

심장으로 돌아가는 길: 정맥

온몸의 모세 혈관을 지난 혈액은 정맥으로 모여 다시 심장으로 이동해요. 즉, **정맥**은 심장으로 들어가는 혈액이 흐르는 혈관이에요. 정맥도 많은 혈액이 흐르기 때문에 혈관 벽이 두껍지만, 동맥보다는 얇아요. 혈관 벽의 탄력성도 동맥보다 약하고요.

함께 생각해요!

* **세포에서 생성되는 노폐물 :** 온몸의 세포는 에너지가 필요하고, 에너지를 얻기 위해서는 산소를 이용해서 영양소를 분해해야 해요. 그리고 세포에서 에너지를 얻을 때 이산화 탄소와 물 등 노폐물이 생성되죠. 예를 들어, 영양소 중 포도당이 분해되는 과정을 도식화하면 다음과 같아요.

영양소(포도당)+산소 → 이산화 탄소+물+에너지

정맥의 또 다른 특징은 판막이 곳곳에 있다는 거예요. 조금 전에 판막의 역할에 대해 알아봤는데, 기억나나요? 예, 판막은 혈액의 역류를 막아줘요. 발에서 종아리를 거쳐 허벅지로 연결되는 정맥을 생각해볼게요. 서 있는 상태라면 다리의 혈액은 중력을 거슬러 심장으로 올라가야 하죠. 그런데 판막이 없다면 어떻게 될까요? 아마도 중력 때문에 혈액이 발바닥 쪽으로 쏠릴 거예요. 판막이 이런 현상을 막아주기에 혈액을 조금씩 위로 올려 심장으로 보낼 수 있지요.

만약 다리 정맥의 판막이 고장 나면 어떤 일이 발생할까요? 정맥에서 혈액 순환이 이뤄지지 못하고 혈액이 다리 부분에 고여 정맥이 부풀게 돼요. 이 질환을 하지정맥류라고 하는데, 다리의 혈관이 툭 튀어나오는 증상이 나타나기도 해요. 이처럼 정맥의 판막은 혈액 순환에서 매우 중요한 역할을 해요.

정리하면, 심장의 심실이 수축하면서 강한 압력에 의해 밀려 나온 혈액은 동맥을 거쳐 온몸의 모세 혈관으로 흐르고, 모세 혈관에서 주변의 조직 세포와 물질 교환이 이뤄진 후 정맥으로 모인 혈액은 심장의 심방으로 들어가, 심방이 수축하면서 심실로 흐르는 순환을 합니다. 한마디로, 혈액은 심장을 중심으로 순환해요.

많은 역할을 하는 혈액 속 성분들

그럼 이쯤에서 혈액에 대해 이야기해볼게요. 어릴 적에 뛰다가 넘어져 무릎에서 피가 난 기억, 누구나 한 번쯤 있을 거예요. 이때 지혈 후 어느 정도 시간이 지나면 피가 굳어 딱지가 생기고, 상처에서는 더 이상 피가 나오지 않죠. 그런데 피는 왜 빨간색일까요? 그리고 왜 저절로 굳는 걸까요? 그 답은 혈액을 구성하는 성분에 숨어 있어요.

혈액을 원심 분리하면 위층은 엷은 노란색 액체인 **혈장**으로, 아래층은 세포 성분인 **혈구**로 분리돼요.

물이 주성분인 혈장에는 다양한 혈장 단백질과 면역을 일으키는 물질, 영양소와 이산화 탄소 등이 녹아 있어요. 혈장은 온몸의 조직 세포로 영양소를 운반하고, 조직 세포에서 나오는 노폐물도 운반합니다.

혈구는 세 종류로, 납작한 원반 모양인 **적혈구**, 모양이 일정하지 않은 **백혈구**, 역시 특정한 모양이 없는 **혈소판**이 있어요. 혈구의 수는 적혈구가 가장 많고, 혈구의 크기는 백혈구가 가장 크지요. 그렇다면 각 혈구는 어떤 기능을 할까요?

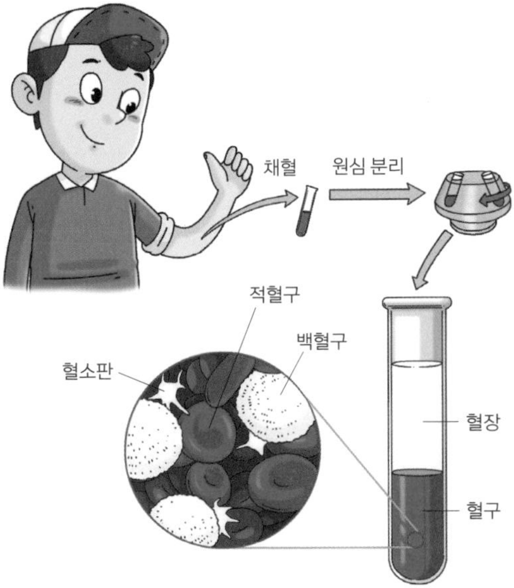

▲ 혈액의 구성 성분
혈액을 원심 분리기에 넣고 빠르게 회전시키면 혈장보다 무거운 혈구가 가라앉는다. 혈액에서 혈장과 혈구의 구성 비율은 약 55% 대 45%다.

산소를 전달하자: 적혈구

피가 빨간색인 이유는 혈구의 대부분을 차지하는 적혈구 때문이에요. 더 정확히 말하면, 적혈구 속에는 헤모글로빈이라는 성분이 많이 들어 있는데, 이 헤모글로빈이 빨간색이기 때문이죠. 헤모글로빈은 산소가 많은 곳에서는 산소와 결합하고, 산소가 적은 곳에서는 산소와 분리돼요. 세포가 영양소를 이용하기 위해서는 산소가 꼭 필요한

데, 적혈구가 온몸의 조직 세포로 산소를 전달하는 중요한 기능을 한답니다.

세균으로부터 몸을 지키자: 백혈구

우리 몸에 상처가 나면 그 부위로 세균이 침입하기도 해요. 이 세균을 그냥 두면 병을 일으킬 수 있지요. 그래서 백혈구가 상처 부위로 이동해 몸속에 침입한 세균을 잡아먹어 제거해요. 이를 식균 작용이라고 해요. 감기에 걸린 사람은 일시적으로 백혈구 수가 증가하는데, 이는 바이러스를 제거하기 위해서예요. 이처럼 백혈구는 침입한 세균이나 바이러스로부터 우리 몸을 지켜주는 역할을 해요.

하지만 백혈구가 너무 많으면 문제가 돼요. 백혈병은 비정상적인 백혈구가 과도하게 증식해 정상적인 백혈구와 적혈구, 혈소판의 형성을 억제할 때 나타나는 질환이에요.

피가 더 나지 않게: 혈소판

혈소판은 크기가 매우 작아서 광학 현미경으로는 관찰할 수 없지만, 고성능 현미경으로 관찰하면 혈액 속에서 많은 혈소판을 볼 수 있어요. 혈소판은 혈액 응고 기능을 해요. 상처가 났을 때 피가 계속 빠져나가면 안 되겠지요? 혈소판은 혈액을 응고시켜 딱지를 만들어서, 피가 더 이상 밖으로 흐르지 않도록 막아줍니다.

혈액 순환의 두 가지 경로

우리는 앞서 혈액 순환에 대해 알아봤어요. 혈액 순환을 간단히 말하면, 심장에서 나온 혈액이 동맥, 모세 혈관, 정맥 순으로 흐르다가 다시 심장으로 들어가는 과정을 반복하는 거죠. 그런데 여러분은 혹시 심장 그림에서 본 대동맥, 대정맥, 폐동맥, 폐정맥이 궁금하지 않았나요? 왜 동맥과 정맥이 이렇게 세분화될까요?

혈액 순환은 온몸 순환과 폐순환으로 구분돼요. 혈액 순환이 두 가지로 나뉘는 이유를 이해하기 위해, 혈액 순환을 기체를 중심으로 설명할게요. 심장은 혈액을 통해 온몸의 조직 세포에 산소를 제공하고, 이산화 탄소를 받아들이죠? 이제 온몸에서 받은 많은 이산화 탄소는 몸 밖으로 내보내고, 다시 몸속으로 산소를 받아야겠군요. 그런데 이 기체 교환은 폐에서 일어나요. 이런 이유로 혈액 순환은 온몸 순환과 폐순환, 두 가지 경로가 필요한 거예요. 온몸 순환과 폐순환을 조금 더 살펴볼까요?

온몸 순환은 좌심실에서 시작해요. 좌심실에서 대동맥을 통해 이동한 혈액은 온몸의 모세 혈관을 지나는 동안 조직 세포에 산소와 영양소를 공급하고 이산화 탄소를 포함한 노폐물을 받죠. 그런 후 대정맥으로 모인 혈액이 우심방으로 들어와 온몸 순환을 마칩니다.

폐순환은 우심실에서 시작해요. 우심실에서 폐동맥을 통해 폐로 이동한 혈액은 폐의 모세 혈관을 지나는 동안 이산화 탄소를 내보내고 산소를 받죠. 이제 산소가 많은 혈액은 폐정맥을 통해 좌심방으로 들어와 폐순환을 마칩니다.

그런데 다음 그림에 나오는 동맥혈, 정맥혈은 무슨 의미일까요? 흔히 동맥혈은 동맥에서, 정맥혈은 정맥에서 흐르는 혈액이라고 오해하기 쉬워요. 하지만 동맥혈은 산소가 많은 혈액이고, 정맥혈은 이산화 탄소가 많은 혈액이에요. 그러므로 동맥혈은 폐정맥·좌심방·좌심실·대동맥에서, 정맥혈은 대정맥·우심방·우심실·폐동맥에서 흘러요.

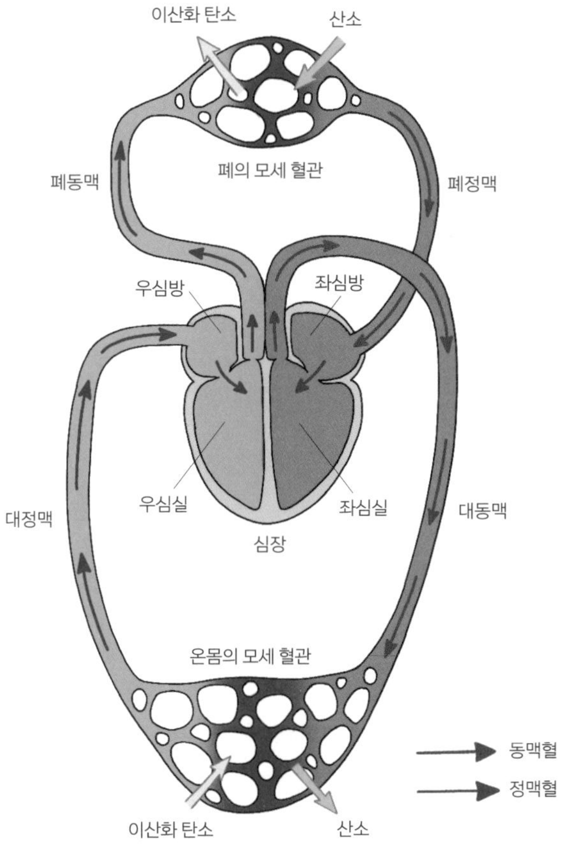

▲ **혈액의 순환 과정과 기체 교환**

아하! 심화개념

동물의 심장은 모두 똑같이 생겼을까?

사람을 포함한 포유류의 심장은 2심방 2심실로 이뤄져 있어요. 이런 구조에서는 폐 쪽으로 가는 혈액 순환과 온몸으로 가는 혈액 순환이 나뉘어, 산소와 이산화 탄소의 기체 교환 효율이 높지요. 그럼 다른 동물의 심장도 포유류와 같은 구조일까요?

먼저 어류를 볼게요. 어류의 심장은 1심방 1심실 구조예요. 그래서 어류의 혈액 순환은 단일 순환이에요. 심장의 심실에서 나온 혈액이 아가미로 가서 기체 교환을 하고, 이렇게 산소를 얻은 혈액이 온몸으로 가서 다시 기체 교환을 한 후 심장의 심방으로 돌아오죠. 그런데 단일 순환은 혈압이 약해져 혈액을 빨리 순환시키는 데 문제가 있어요. 그래서 심장이 이중 순환 구조로 진화한 거예요.

그 진화 과정을 보면, 개구리 같은 양서류는 2심방 1심실 구조이므로, 심실에서 혈액이 섞이기에 기체 교환의 효율이 떨어져요. 그리고 거북이 같은 파충류는 2심방 불완전2심실 구조예요. 조류는 어떨까요? 포유류와 마찬가지로 2심방 2심실 구조예요. 이렇게 생물은 진화할수록 심장의 구조가 두 개의 심방과 두 개의 심실로 명확히 나뉘어요.

코로 호흡할 때 콧속 털은
어떤 역할을 할까요?

폐가 수많은
폐포로 이뤄진 이유는
무엇일까요?

3

살아가기 위해 꼭 필요한 기체 교환

| 호흡 |

숨을 쉴 때 폐는
스스로 움직일까요?

우리가 내쉬는 숨에는
이산화 탄소가 산소보다
더 많을까요?

우리는 바로 앞 단원에서 혈액 순환을 통한 기체의 교환에 대해 알게 되었어요. 온몸의 조직 세포에서는 혈액으로부터 공급되는 산소를 사용하고, 이때 발생한 이산화 탄소는 혈액으로 내보내죠. 그런데 이대로 둔다면 혈액 속에는 산소가 점점 줄어들고, 이산화 탄소가 점점 많아질 거예요. 그래서 우리는 숨을 쉬면서 산소를 받아들이고 이산화 탄소를 내보내요. 호흡계에서는 어떤 원리로 이런 기체 교환이 일어날까요?

산소는 받아들이고,
이산화 탄소는 내보내고

여러분, 우리는 왜 숨을 쉴까요? 살기 위해서라고요? 예, 맞아요. 산소가 부족하면 심할 경우 뇌 손상이나 사망에 이르기도 하죠. 그런데 앞의 순환 단원에서 알게 된 사실을 바탕으로 대답한다면 다음과 같을 거예요.

우리가 살아가기 위한 에너지를 얻으려면 세포에서 영양소를 분해해야 하는데, 이때 산소가 꼭 필요해요. 그리고 에너지를 얻는 과정에서 발생하는 이산화 탄소는 몸 밖으로 내보내야 하지요. 그래서 우리는 코, 기관, 기관지, 폐 등으로 이뤄진 호흡계를 통해 숨을 들이쉬고 내쉬면서, 즉 호흡하면서 우리 몸에 필요한 산소를 받아들이고 필요 없는 이산화 탄소를 내보내요. 그러니까 호흡계는 이산화 탄소가 많아지고 산소가 적어진 혈액을 원래대로 바꿔주는 역할을 하는 군요.

잠깐! 초등개념

산소를 공급하는 호흡 기관

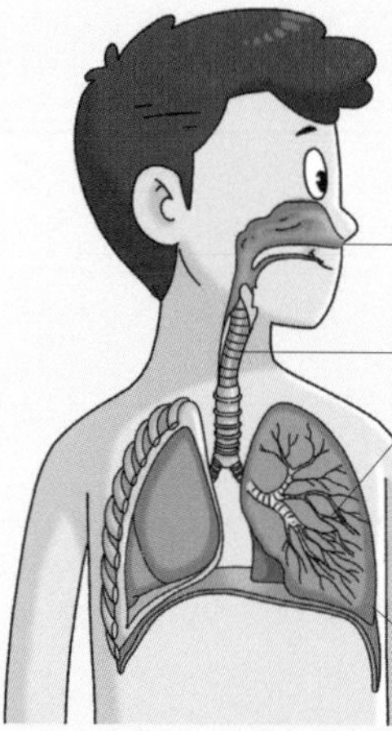

▲ 사람의 호흡 기관

우리는 늘 숨을 들이쉬고 내쉬는데, 이 활동을 호흡이라고 해요. 호흡은 우리 몸에 산소를 공급하기 위한 중요한 활동이에요.

우리 몸에서 호흡을 담당하는 기관에는 코, 기관, 기관지, 폐가 있어요. 그래서 이들을 호흡 기관이라고 하지요. 그중 코는 공기가 드나드는 곳이고, 기관과 기관지는 공기가 이동하는 통로예요. 기관지는 기관과 폐를 연결하며, 여러 갈래로 갈라져 있어요.

숨을 들이쉴 때 코, 기관, 기관지를 통해 들어온 공기 중의 산소는 폐를 통해 몸속으로 이동하죠. 그리고 몸속에서 만들어진 이산화 탄소는 숨을 내쉴 때 폐와 기관지, 기관, 코를 거쳐 몸 밖으로 이동합니다.

그럼 지금부터 호흡계를 이루는 각 기관에 대해 알아볼게요. 먼저 숨을 들이쉬면 공기가 콧속으로 들어와요. 이때 콧속의 털과 끈끈한 액체는 공기 중에 들어 있던 먼지나 세균 등을 걸러주죠.

콧속으로 들어온 공기는 기관과 기관지를 거쳐 폐포에 도달해요.

기관은 두 갈래로 나뉘어 기관지를 이루고, 기관지는 좌우 양쪽 폐와 연결되지요. 기관과 기관지 내벽에 덮여 있는 섬모와 점액질도 공기 중에 들어 있던 먼지나 세균 등을 걸러줘요. 기관지는 나뭇가지처럼 폐 곳곳으로 갈라지며, 그 끝에는 작은 주머니 모양의 **폐포**가 있어요.

여러분, 소장의 융털을 기억하죠? 융털은 소장의 표면적을 넓혀 영양소의 흡수 효율을 높이기 위한 구조예요. 같은 원리로, 폐도 수많은 폐포로 구성되어 있어요. 폐포는 모세 혈관으로 둘러싸여 있으며, 이 모세 혈관 속을 흐르는 혈액과 폐포 사이에서 산소와 이산화탄소의 교환이 일어납니다. 폐포의 표면적을 모두 합치면 무려 피부 전체 면적의 50배나 된다고 해요. 표면적이 넓은 만큼 기체 교환 효율이 매우 높죠.

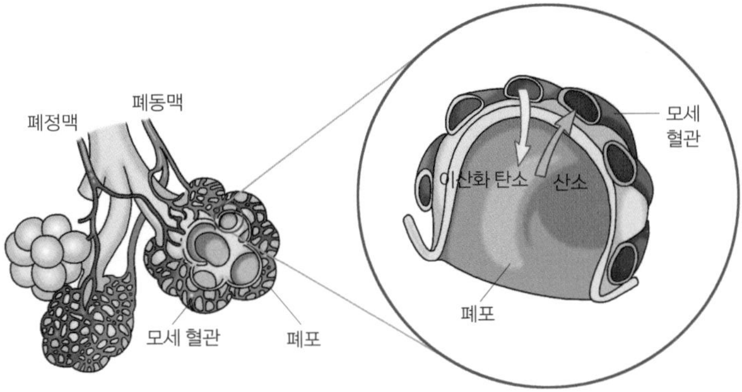

▲ 폐포와 모세 혈관 사이의 기체 교환

호흡 운동을 돕는 친구들

폐는 다른 내장 기관과 달리 근육으로 이뤄지지 않았어요. 근육으로 되어 있다면 스스로 움직일 수 있을 텐데, 폐포는 근육이 아닌 얇은 막으로 이뤄지기에 스스로 움직일 수 없지요. 폐포는 왜 얇은 막으로 이뤄져 있을까요? 바로 기체 교환 때문이에요. 폐포가 얇은 막이기 때문에 산소와 이산화 탄소가 쉽게 통과할 수 있답니다. 두꺼운 근육이라면 기체가 쉽게 통과하지 못하겠죠? 폐는 원활한 기체 교환이 목적이기에 얇은 막이 제격이에요.

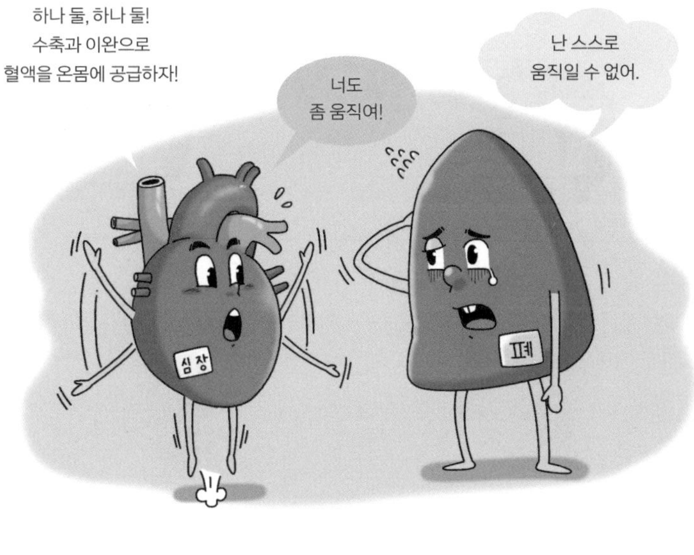

그렇다면 폐는 스스로 움직이지 못하는데 어떻게 호흡 운동이 일어날까요? 우리 몸에서 갈비뼈와 가로막횡격막으로 둘러싸인 공간을 **흉강**이라고 하는데, 폐는 흉강 안에 있어요. 호흡 운동은 이 갈비뼈와 가로막의 움직임으로 일어나죠.

여러분, 숨을 깊이 들이쉬어 보세요. 갈비뼈가 올라가는 게 느껴지나요? 갈비뼈가 올라갈 때 아래쪽의 가로막은 수축해 아래로 내려가요. 흉강을 이루는 갈비뼈는 올라가고, 가로막은 내려갔어요. 그럼 흉강의 부피는 어떻게 될까요? 그렇죠. 커집니다. 그리고 흉강의 부피가 커지면 폐의 부피도 커지면서 폐의 압력은 낮아져요. 공기는 압력이 높은 곳에서 낮은 곳으로 이동하므로, 이때 공기가 폐로 들어오

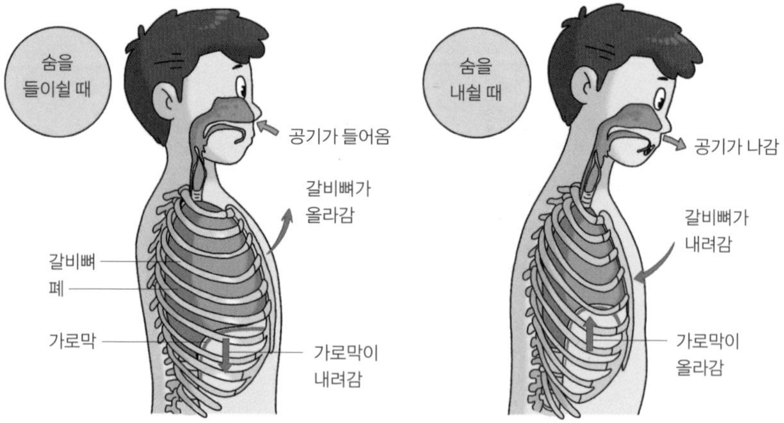

▲ 호흡 운동이 일어나는 원리

는 거예요. 빈 주사기의 피스톤을 잡아당길 때 주사기 안으로 공기가 들어가는 것처럼 말이죠. 반대로 숨을 내쉴 때는 갈비뼈가 내려가고 가로막이 올라가므로 흉강의 부피가 작아져요. 그러면 폐의 압력이 높아지므로 공기가 폐에서 몸 밖으로 나가게 되는 거예요.

만약 결핵이나 폐렴 등으로 폐에 구멍이 생겨서 흉강 내에 공기가 차면 어떻게 될까요? 여러분도 알다시피, 폐는 스스로 움직이지 못하고, 갈비뼈와 가로막의 움직임으로 흉강의 부피를 조절하면 그 영향으로 폐의 압력이 조절되죠. 하지만 흉강 내에 공기가 차면 흉강의 부피 조절이 어려워, 결국 호흡하기가 힘들어요. 이런 상태를 '기흉'이라고 해요.

날숨과 들숨 시 기체의 이동 원리

이번에는 폐포에서 기체가 교환되는 원리를 알아볼게요. 폐포에서는 확산*에 의해 기체가 교환돼요.

공기는 여러 기체가 섞여 있는 혼합물인데, 그중 산소는 21퍼센트, 이산화 탄소는 0.03퍼센트가 들어 있어요. 이 공기가 들숨들이쉬는 숨을 통해 폐포로 들어가죠. 그런데 폐포를 둘러싼 모세 혈관의 혈액은 온몸을 돌아왔기 때문에 들숨보다 산소의 농도가 낮아요. 그래서 폐포 안의 산소는 모세 혈관으로 확산되어 이동해요. 이산화 탄소는 어떻게 이동할까요? 산소와 반대로, 온몸을 돌아온 모세 혈관의 혈액에는 이산화 탄소가 많아요. 상대적으로 들숨에는 이산화 탄소가 적죠. 그러므로 이산화 탄소는 모세 혈관에서 폐포 안으로 확산되어 들어가고, 날숨내쉬는 숨을 통해 몸 밖으로 나가요.

일반적으로 날숨에는 이산화 탄소가 산소보다 많을 거라고 생각하는데, 실제로는 산소가 더 많아요. 날숨에는 산소가 약 15.8퍼센트, 이산화 탄소가 약 3.5퍼센트 들어 있죠. 혈액과 조직 세포 사이에서 이뤄지는 기체 교환의 결과, 날숨의 이산화 탄소 농도는 들숨보다 100배 이상이 된 거예요.

함께 생각해요!

* **저절로 일어나는 확산 :** 교실에서 누군가 향수를 뿌리면 잠시 후 교실 전체에 그 향이 퍼져요. 투명한 물에 검은색 잉크를 한 방울 떨어뜨리면 잉크가 물속에서 점점 퍼져 나가는 모습을 확인할 수 있죠. 이처럼 물질이 농도가 높은 곳에서 낮은 곳으로 저절로 이동하는 현상을 '확산'이라고 해요. 그러므로 물질이 확산하는 데는 에너지가 필요하지 않아요.

재래식 화장실에서
코를 찌르는 냄새가 나는
이유는 무엇일까요?

오줌에는 어떻게
노폐물만
들어 있을까요?

4

노폐물은 반드시 몸 밖으로

| 배설 |

당뇨병 환자의 오줌에는
왜 당분이 많을까요?

새똥에는 왜 흰색 물질이
섞여 있을까요?

몸속의 세포에서 영양소를 분해해 에너지를 얻을 때는 노폐물이 생겨요. 이 노폐물을 몸 밖으로 내보내는 것을 배설이라고 하죠. 우리는 세포에서 생성된 노폐물 중 하나인 이산화 탄소가 호흡계를 통해 몸 밖으로 나간다는 사실을 바로 앞 단원에서 배웠어요. 이번 단원에서는 세포에서 생성된 다른 노폐물이 배설계를 통해 어떻게 몸 밖으로 나가는지 알아볼게요.

노폐물을 내보내는 길

여러분, 혹시 재래식 화장실을 사용해본 적이 있나요? 요즘에는 재래식 화장실을 찾아보기 힘들지만 예전에는 많았어요. 그런데 무더운 여름이면 이 화장실에서 코를 찌르는 자극적인 냄새가 나곤 했죠. 발효된 생선에서도 비슷한 냄새가 나는데, 이 냄새의 원인은 무엇일까요?

3대 영양소인 탄수화물, 단백질, 지방을 분해해서 에너지를 얻을 때는 노폐물이 생성돼요. 그중 탄수화물과 지방이 분해되면 이산화 탄소와 물이 생성되지요. 그리고 단백질이 분해되면 이산화 탄소와 물 외에도 암모니아가 생성돼요. 이때 암모니아가 만들어지는 이유는 단백질을 구성하는 성분에 질소가 포함되기 때문이에요. 암모니아처럼 질소를 포함하는 노폐물을 **질소 노폐물**이라고 해요.

세포에서 생성된 노폐물 중 이산화 탄소는 폐에서 날숨을 통해, 물은 오줌과 날숨으로 몸 밖으로 나가요. 그리고 암모니아는 물과 함께 오줌으로 배설되죠. 그런데 암모니아는 강한 독성을 띠므로 서둘러 몸 밖으로 배설해야 해요. 우리 몸은 어떤 과정을 거쳐 암모니아를 내보낼까요?

잠깐! 초등개념

노폐물을 내보내는 배설 기관

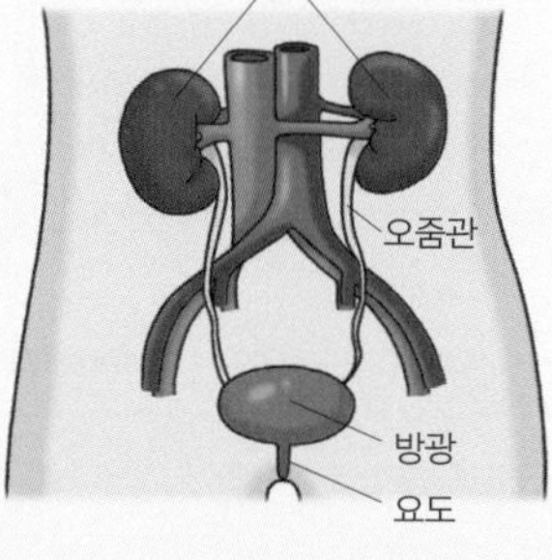

▲ 사람의 배설 기관

우리는 살아가는 데 필요한 에너지를 얻기 위해 영양소를 분해하는데, 그 결과 우리 몸에는 노폐물이 생성돼요. 그리고 이 노폐물은 혈액을 통해 이동하다가 몸 밖으로 배설되지요.

콩팥과 방광은 배설을 담당하는 배설 기관이에요(오른쪽 그림에 나오는 오줌관과 요도에 대한 설명은 바로 뒤에서 할게요). 노폐물이 많은 혈액이 콩팥으로 이동하면, 콩팥이 혈액에 있는 노폐물을 걸러내어 오줌을 만들죠. 노폐물이 포함된 오줌은 방광에 저장됐다가 몸 밖으로 나가요. 그리고 콩팥에 의해 노폐물이 걸러진 혈액은 다시 혈관을 통해 순환해요.

배설계를 한마디로 표현하면, 오줌을 만드는 기관들의 모임이에요. 오줌은 우리 몸의 수분과 무기염류의 양을 조절하는 일도 하지만, 주요 임무는 독성이 있는 질소 노폐물을 몸 밖으로 내보내는 일이죠.

배설계를 이루는 배설 기관은 콩팥, 오줌관, 방광, 요도 등이에요. 콩팥은 허리 부분의 등 쪽에 좌우 하나씩 있고, 혈액 속에 든 노폐물을 걸러내어 오줌을 생성해요. 즉, 콩팥은 물질을 거르는 체의 역할을 해요. 콩팥에서 만들어진 오줌은 긴 오줌관을 통해 주머니 모양의 방광에 모이고, 방광 아래쪽에 있는 관인 요도를 통해 몸 밖으로 나가요.

방금 전에 암모니아는 독성이 있다고 했던 말, 기억나나요? 그런데 우리는 생성되는 암모니아를 바로바로 배설할 수 없기에, 일단 독성이 약한 물질로 바꿔줘야 해요. 이 일은 간이 맡습니다. 간에서는 암모니아를 독성이 약한 요소로 합성해요. 그런 다음 콩팥에서 요소를 걸러내고 농축해 오줌으로 내보내지요.

재래식 화장실에서는 청소가 잘되지 않기에 시간이 지나면서 오줌 속에 있는 요소가 분해되어 암모니아가 되고, 그 때문에 지독한 냄새가 나는 거예요.

오줌은 어떻게 만들어질까?

콩팥은 배설계에서 가장 중요한 기능을 해요. 콩팥은 어떤 원리로 우리 몸에 필요한 영양소를 제외하고 노폐물인 요소만 쏙쏙 뽑아서 물과 함께 오줌으로 배설할까요?

이 원리를 알기 위해서는 먼저 콩팥의 구조를 이해해야 해요. 콩팥의 겉 부분을 콩팥 겉질, 속 부분을 콩팥 속질이라고 해요. 그리고 콩팥 안쪽에는 콩팥 깔때기라고 하는 빈 공간이 있어요.

콩팥 한 개에는 오줌을 만드는 기본 단위인 **네프론**이 약 100만 개나 있어요. 간에서 합성된 요소는 혈액 속에 녹아 운반되다가 콩팥에

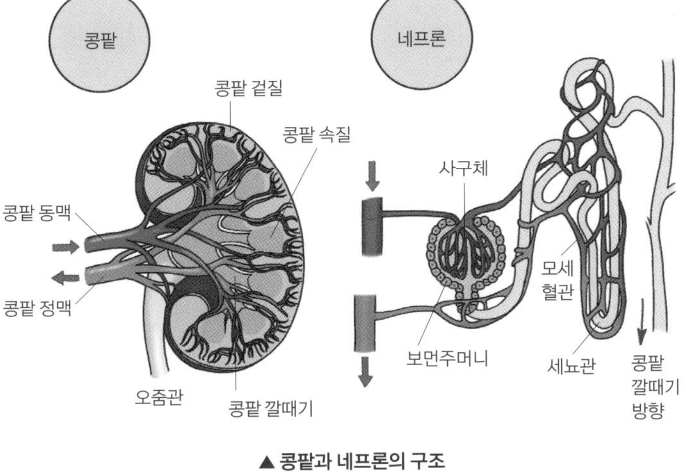

▲ 콩팥과 네프론의 구조

도착하면 네프론에서 걸러져요.

네프론은 사구체, 보먼주머니, 세뇨관으로 구성돼요. 앞의 그림을 보면 알 수 있듯이, 사구체는 모세 혈관이 뭉쳐 있는 부분이에요. 사구체의 '사絲'는 '실'이란 뜻으로, 실타래처럼 뭉친 모양이라 이런 이름이 붙었지요. 사구체는 보먼주머니에 싸여 있어요. 보먼주머니는 이름처럼 주머니 모양이며, 가늘고 긴 세뇨관에 연결되어 있어요.

작은 물질은 보먼주머니로: 여과

혈액이 사구체로 들어오면, 높은 압력에 의해 혈액의 액체 성분이 모세 혈관에서 밀려 나와 사구체를 둘러싼 보먼주머니로 들어가게 돼요. 이 과정을 **여과**라고 합니다. 이때 밀려 나온 액체를 여과액이라고 하는데, 여기에는 세포막을 통과할 정도로 작은 크기의 물질들이 들어 있어요. 바로 물, 포도당, 아미노산, 요소, 무기염류 등이에요. 반면, 단백질이나 혈구 같은, 크기가 큰 물질은 여과액에 들어 있지 않아요.

영양소는 다시 혈관으로: 재흡수

여과액이 세뇨관을 따라 이동할 때, 우리 몸에 필요한 물질은 세뇨관을 둘러싸고 있는 모세 혈관으로 **재흡수**돼요. 귀한 영양소를 그냥 내보내면 안 되니까요. 그럼 어떤 물질들이 재흡수될까요? 영양소인 포도당과 아미노산은 당연히 100퍼센트 재흡수되고, 물과 무기염류도 대부분 재흡수됩니다. 그런데 이때 당분이 재흡수되지 않으면 오줌에 많이 섞여 나오죠. 이 질환을 '설탕 당糖', '오줌 뇨尿' 자를 써서 당뇨병이라고 해요.

하루에 생성되는 여과액은 무려 180l리터예요. 엄청난 양이죠? 이를 그대로 오줌으로 내보낸다면 우리는 종일 화장실을 들락거려야 할 거예요. 그래서 물은 무기염류와 함께 99퍼센트가 재흡수되어, 우리는 하루에 1.5l리터 정도의 오줌을 만들어요.

물과 무기염류의 재흡수는 우리 몸의 삼투압 유지에 중요한 과정인데, 이에 대해서는 항상성을 공부할 때 자세히 살펴볼게요.

여과되지 못한 노폐물은 세뇨관으로: 분비

한편 사구체에서 보먼주머니로 미처 여과되지 못하고 혈액 속에 남아 있던 노폐물은 모세 혈관에서 세뇨관으로 이동하죠. 이 과정을 **분비**라고 해요.

이렇게 네프론에서는 여과, 재흡수, 분비 과정을 거쳐 오줌이 만들어져요. 그리고 네프론에서 만들어진 오줌은 콩팥 깔때기에 모였다가, 오줌관을 따라 방광으로 이동해요.

정리하면, 사구체에서 보먼주머니로 빠져나온 여과액은 세뇨관에서 재흡수와 분비 과정을 통해 오줌으로 만들어지고, 오줌은 콩팥 깔때기와 오줌관을 거쳐 방광에 모여 있다가 요도를 통해 몸 밖으로 배설됩니다.

아하! 심화개념

동물마다 질소 노폐물을 배설하는 방법이 다르다고?

여러분, 혹시 새똥을 자세히 본 적이 있나요? 새똥은 흰색과 갈색의 물질이 섞여 있어요. 조류는 오줌과 똥을 섞어서 배출하는데, 흰색 물질은 요산이고, 갈색 물질은 똥이에요. 요산은 반고체 물질로, 조류나 파충류가 물 소모를 줄이기 위해 선택한 질소 노폐물이죠.

암모니아는 독성 물질이지만 물에 잘 녹아요. 그래서 물에 사는 어류는 몸속의 암모니아를 바로 물에 녹여 몸 밖으로 내보내지요. 그럼 물에 살지 않는 동물들은 어떨까요? 이런 동물들은 암모니아를 먼저 독성이 약한 요산이나 요소로 바꿔야 해요. 곤충, 파충류, 조류는 보통 수분이 없는 환경에서 살기에조류는 날기 위해 몸을 가볍게 해야 하므로 몸의 수분을 줄이죠. 수분 손실이 거의 없게 배설할 수 있는 요산을 만드는 거예요.

하지만 사람은 암모니아를 요소로 바꿔서 배설해요. 사람은 어류처럼 물을 많이 공급받진 않지만, 사막에 사는 파충류나 몸을 가볍게 하는 조류처럼 수분이 적진 않아요. 이처럼 사람은 적절한 수분을 공급받을 수 있으므로 요소를 만드는 거예요. 암모니아를 합성해 요소나 요산을 만들 때는 에너지가 소모되는데, 요산보다 요소를 만들 때 에너지

소모가 더 적거든요.

참고로 사람의 몸에서도 물질대사 결과 적은 양의 요산이 만들어지는데, 요산이 관절에 쌓이면 통증을 일으켜요. 이 질환을 통풍이라고 하죠. 육류나 등푸른생선에 든 단백질을 과도하게 섭취하면 통풍에 걸릴 수 있으니 주의해야겠지요?

오래 매달리기는 왜 계속할 수 없을까요?

세포 호흡이 일어나기 위해선 세포에 무엇이 공급돼야 할까요?

5

생명 활동에 필요한 에너지는 어떻게 얻을까?

| 세포 호흡 |

세포 호흡으로 얻은 에너지는 어디에 이용될까요?

소화, 순환, 호흡, 배설 중 가장 중요한 기능은 무엇일까요?

지금까지 우리 몸속에서 일어나는 소화, 순환, 호흡, 배설을 자세히 살펴봤어요. 이 기능들을 통해 우리는 생명 활동을 유지하는 데 필요한 물질을 얻고 불필요한 노폐물을 배출할 수 있지요. 즉, 소화·순환·호흡·배설이 잘 되어야 건강하게 살아갈 수 있어요. 그렇다면 우리가 영양소와 산소를 이용해 얻은 에너지는 어디에 쓰일까요? 그리고 소화계, 순환계, 호흡계, 배설계는 서로 어떤 관계일까요?

세포 호흡으로 에너지를 얻다

체육 시간은 즐거워요. 잠시 책상에서 벗어나 바람도 쐴 수 있고, 가볍게 운동도 할 수 있으니까요. 그런데 웬걸, 오늘은 체력 검사를 위한 셔틀 런을 한다는 거예요.

음악에 맞춰 양쪽으로 달리기를 시작했는데, 10회를 넘기자 몸에서 열이 나기 시작했죠. 20회가 되자 숨이 턱까지 차올랐고, 30회를 넘기자 다리에서 힘이 빠져 흐느적거렸어요. 체력의 한계일까요? 아니면 에너지를 모두 사용한 걸까요?

우리 몸의 세포에서는 영양소와 산소가 반응해 생명 활동에 필요한 에너지를 얻어요. 이 과정을 **세포 호흡**이라고 합니다. 우리 몸은 세포 호흡을 통해 얻은 에너지를 어디에 쓸까요?

우리 몸은 쉴 새 없이 움직여요. 몸을 움직인다는 것은 근육이 수축·이완되는 과정인데, 이때 근육의 수축에는 에너지가 필요해요.

오래 매달리기를 생각해보세요. 철봉에 매달리기 시작하면 팔 근육에 있는 에너지가 사용되기 시작하죠. 그런데 처음에는 거뜬하다가 점점 힘이 들면서 팔이 펴져요. 팔 근육에서 생성된 에너지가 모두 사용된 거예요. 그럼 철봉에서 손을 떼고 잠시 쉬면 어떨까요? 근육에서 다시 에너지가 생성되므로, 철봉에도 다시 매달릴 수 있답니다.

이렇게 우리 몸에서는 에너지가 끊임없이 생성돼요. 이 에너지는 또 어디에 이용될까요? 먼저 체온을 유지하는 데 이용해요. 체온을 유지하는 건 매우 중요해요. 사람은 체온을 36.5℃로 유지하는데, 몸 속의 효소와 호르몬이 활성화되는 가장 알맞은 온도가 36.5℃이기 때문이에요. 그리고 공부 등의 두뇌 활동, 몸이 자라는 생장, 간에서 요소를 만드는 과정까지, 우리 몸에서 일어나는 여러 생명 활동에는 세포 호흡으로 얻은 에너지가 필요해요.

소화·순환·호흡·배설, 모두 조화롭게

우리는 앞서 소화계, 순환계, 호흡계, 배설계가 하는 일을 모두 알아봤어요. 그런데 이 중 가장 중요한 기관계는 무엇일까요?

이 질문에 어떤 사람은 소화계라고 생각할 수도 있고, 어떤 사람은 순환계라고 생각할 수도 있어요. 하지만 네 기관계의 순위를 매길 순 없답니다. 현악 4중주를 생각해보세요. 어느 한 악기만 두드러지게 연주하면 어떻게 될까요? 조화가 이뤄지지 않아 아름다운 음악을 연주할 수 없어요.

잠깐! 초등개념

조화롭게 기능하는 우리 몸의 기관들

여러분, 줄넘기나 달리기를 열심히 하면 몸에 어떤 변화가 나타나나요? 체온이 올라가고 땀이 나기도 하죠? 호흡과 맥박심장 박동은 또 어떨고요. 평소보다 숨이 차고 심장이 빠르게 뛰는 것을 느낄 수 있어요. 이때 호흡과 맥박 수가 빨라지는 이유는 운동을 하느라 많은 영양소와 산소가 필요하기 때문이에요. 그래서 폐는 호흡 운동을 빠르게 하여 혈액 속에 산소를 충분하게 공급하고, 심장은 빨리 뛰어 영양소와 산소를 신속하게 운반하는 거예요. 우리 몸의 여러 기관은 운동할 때뿐만 아니라, 언제나 서로 영향을 주고받으면서 조화롭게 기능하고 있어요.

우리가 살아가려면 세포에서 에너지를 얻어야 하고, 그러기 위해서는 소화계, 순환계, 호흡계, 배설계가 조화롭게 일해야 해요. 왜 그럴까요?

우리는 에너지를 얻기 위해 세포 호흡을 하는데, 이때 영양소와 산소를 이용하며, 세포 호흡 결과 물·이산화 탄소·질소 노폐물 등이 생성돼요. 그래서 소화계는 섭취한 음식물을 소화해서 세포 호흡에 필요한 영양소를 마련해요. 호흡계는 세포 호흡에 필요한 산소를 몸속으로 받아들이고, 세포 호흡으로 생성된 이산화 탄소를 몸 밖으로 내보내죠. 배설계는 세포 호흡 결과 만들어진 노폐물이 몸에 쌓이지 않도록 걸러내어 몸 밖으로 내보내요. 그리고 순환계는 온몸의 조직 세포로 영양소와 산소를 운반하고, 세포 호흡으로 생성된 노폐물을 호흡계와 배설계로 운반하는 역할을 해요. 이렇게 소화계, 순환계, 호흡계, 배설계가 유기적으로 잘 작용할 때 우리는 생명 활동을 유지하고 건강을 지킬 수 있답니다.

3부

식물이
양분과 에너지를
얻는 방법은
무엇일까

식물이 양분을 만들기 위해
필요한 요소는 무엇일까요?

여름에는 식물의 잎이
무성한 걸 보니, 식물은
온도가 올라갈수록
잘 자라겠네요?

1

스스로 양분을 만드는 식물

| 광합성 |

식물은 뿌리에서 흡수한
물을 어떻게 위쪽까지
끌어 올릴까요?

사막의 선인장은 어떻게 물이
부족한 환경에서 살 수 있을까요?

앞서 우리는 동물이 살아가기 위해서는 에너지가 필요하다는 사실을 알았어요. 이 에너지를 얻기 위해서는 영양소가 필요하므로, 동물은 음식물을 섭취해요. 초식 동물은 식물을 먹고, 육식 동물은 다른 동물을 잡아먹지요. 식물도 살아가기 위해 에너지가 필요해요. 이는 식물도 양분이 필요하다는 뜻이죠. 그런데 먹이를 찾아 이동하는 동물과 달리 식물은 움직일 수 없어요. 그럼 식물은 어떤 방법으로 양분을 얻을까요? 이번 단원에서는 이와 함께 증산 작용에 대해서도 알아볼게요.

식물은 빛과 물과 이산화 탄소를 좋아해

17세기에 얀 헬몬트라는 과학자는 식물이 어떻게 자라는지 궁금했어요. 그래서 간단한 실험을 했답니다. 헬몬트는 어린 나무를 심었는데, 그 전에 흙의 무게를 측정했어요. 그리고 5년 동안 물을 주면서 나무를 키운 후, 나무와 흙의 무게를 다시 측정했죠. 그 결과 흙의 무게는 거의 줄지 않았지만, 나무의 무게는 처음보다 70kg 이상 늘었어요. 그래서 헬몬트는 나무가 흙을 사용하지 않고, 물을 먹고 자란다는 결론을 내렸어요.

하지만 여러분은 초등학교 때 **광합성**에 대해 배웠기에, 식물이 자라는 데는 물만 필요한 게 아니라는 사실을 잘 알고 있을 거예요. 광합성이란 무엇이죠? 그래요. 식물이 빛에너지와 물과 이산화 탄소를 이용해 스스로 양분을 만드는 과정이에요.

잠깐! 초등개념

식물이 양분을 만드는 방법, 광합성

식물은 살아가기 위해 필요한 양분을 스스로 만들어요. 식물이 양분을 만들기 위해서는 빛·이산화 탄소·물이 필요한데, 이를 이용해 식물이 스스로 양분을 만드는 과정을 광합성이라고 해요.

광합성은 잎에서 주로 일어나요. 그리고 광합성을 통해 만들어진 양분은 녹말 형태로 저장되죠. 이를 확인하기 위해서 아이오딘-아이오딘화 칼륨 용액을 이용해볼게요. 이 용액은 녹말과 반응해 청람색으로 변하거든요. 그런데 빛을 받은 식물의 잎에 이 용액을 떨어뜨렸더니 잎의 색이 청람색으로 변했어요. 빛을 받은 잎에서 녹말이 만들어진 것을 알 수 있네요.

광합성 실험을 해볼까?

과학자들은 끊임없는 연구를 통해 광합성에 관한 많은 것을 밝혀냈어요. 예를 들어, 어디에서 광합성이 일어나는지, 광합성에 필요한 요소와 광합성 결과 만들어진 물질이 무엇인지 등이죠. 우리도 그 실험을 함께 해볼까요?

광합성은 어디에서 일어날까?

검정말은 물속에서 사는 식물이에요. 지금부터 이 검정말을 이용해 광합성 실험을 할 텐데요. 먼저 광합성이 일어나는 장소부터 알아볼게요.

빛을 받은 검정말의 잎을 하나 떼서 현미경으로 관찰하면, 세포 속에 수많은 초록색 알갱이가 보여요. 이를 **엽록체**라고 해요. 엽록체는 **엽록소**라는 색소를 많이 포함하고 있어서 초록색으로 보이는 거예요.

이제 검정말 잎을 에탄올에 넣고 물중탕으로 가열해 탈색할게요. 그리고 여기에 아이오딘-아이오딘화 칼륨 용액을 떨어뜨려 색이 변하는지 관찰해요. 여러분, 이 용액의 반응을 어디서 배웠는지 기억나나요? 그렇죠. 영양소 중 녹말을 검출하는 방법이에요.

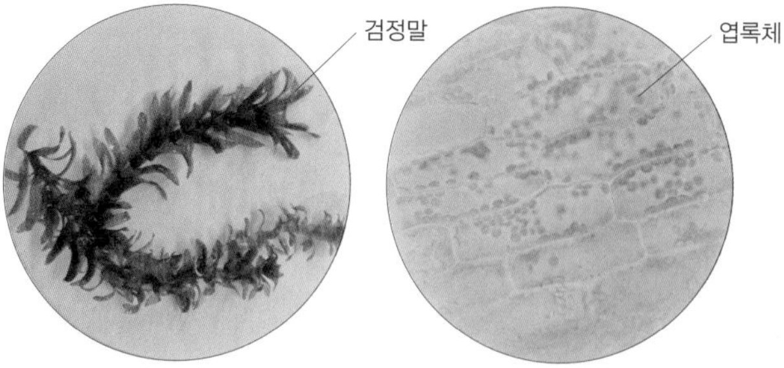

▲ 검정말(왼쪽)과 검정말 잎을 현미경으로 관찰한 모습(오른쪽)

실험 결과 아이오딘-아이오딘화 칼륨 용액을 떨어뜨린 검정말 잎은 청람색으로 변했어요. 이는 무슨 의미일까요? 예, 검정말의 잎에서 녹말이 검출된 거예요. 이 검정말 잎을 다시 현미경으로 관찰하면 엽록체 모양으로 색 반응이 보여요. 이 실험을 통해 식물의 엽록체에서 광합성이 일어나고, 그 결과 녹말을 생성한다는 것을 알 수 있어요. 그런데 광합성 결과 바로 녹말을 만드는 건 아니에요. 식물이 광합성을 하면 포도당이 만들어지고, 이후 포도당끼리 결합해 녹말을 만들죠.

광합성에는 무엇이 필요할까?

앞서 헬몬트의 실험을 통해서도 알 수 있듯이, 식물이 자라는 데는 물이 필요해요. 그러니까 광합성에는 물이 필요하다는 거죠. 이번에는 식물이 광합성을 하기 위해 물 외에 무엇이 더 필요한지 실험을 통해 알아볼게요.

이 실험을 이해하기 위해서는 두 가지 과학 지식을 알아야 해요. 첫째, 지시약인 BTB 용액은 산성에서 노란색, 중성에서 초록색, 염기성에서 파란색으로 색 변화를 보여요. 둘째, 이산화 탄소가 물에 녹으면 탄산의 형태가 돼요. 자, 여기서 질문! 중성인 물에 BTB 용액을 넣으면 어떻게 될까요? 예, 초록색이 됩니다. 그런데 이 물에 빨대로 입김을 불어 넣으면, 입김에 들어 있던 이산화 탄소가 물에 녹아 탄산을 만들어요. 그러면 물은 산성이 되어 노란색으로 변하죠.

그럼 본격적인 실험을 해볼까요? 먼저 세 개의 시험관 A~C 각각에 입김을 불어 넣은 BTB 용액을 넣어요. 이때 시험관 속 용액의 색은 위에서 말한 대로 노란색이에요. 이제 A 시험관은 그대로 두고, B와 C 시험관에는 검정말을 똑같이 넣은 후 세 시험관을 마개로 막아요. 그리고 C 시험관만 은박지로 싸서 햇빛을 차단시켜요. 이렇게 준비한 세 시험관을 햇빛이 잘 비치는 곳에 세 시간 정도 둡니다.

실험 결과 A 시험관과 C 시험관 속 용액은 색 변화가 없지만, B 시험관 속 용액은 초록색으로 변했어요. 이 결과는 무엇을 알려줄까요? BTB 용액이 노란색에서 초록색으로 변했다는 건 물에 녹은 이산화 탄소가 없어졌다는 의미예요. 이산화 탄소는 어디로 갔을까요?

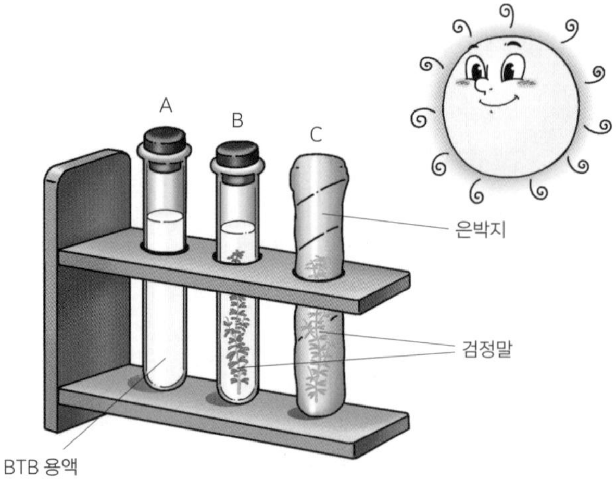

▲ 광합성에 필요한 요소를 확인하는 실험

A 시험관과 비교해보면 B 시험관의 검정말이 이산화 탄소를 흡수했다는 것을 알 수 있어요. 그러니까 식물의 광합성에는 이산화 탄소가 필요하군요.

이번에는 C 시험관을 볼게요. 검정말을 넣었지만 용액의 색 변화는 없었어요. C 시험관에서는 검정말이 이산화 탄소를 흡수하지 않았다는 의미죠. C 시험관이 B 시험관과 다른 점은 은박지로 싸서 햇빛을 차단했다는 거예요. 두 시험관의 비교로 광합성에는 빛이 필요하다는 사실을 알 수 있어요.

정리하면, 광합성에는 물과 이산화 탄소, 빛이 필요해요.

광합성 결과 만들어진 기체의 정체

앞의 실험들과 설명으로 광합성은 엽록체에서 일어나며, 물과 이산화 탄소와 빛을 이용해 포도당을 만든다는 사실을 알 수 있었어요. 그런데 광합성 결과 만들어지는 물질은 포도당뿐일까요?

식물이 광합성을 하면 기체도 만들어져요. 이 기체의 정체를 알기 위해 이번에는 아래 그림처럼 검정말을 깔때기에 넣고, 이 깔때기의 끝을 양쪽이 뚫린 시험관에 연결합니다. 이때 검정말은 1% 탄산수소 나트륨 수용액에 담겨 있는데, 이 수용액은 검정말에 이산화 탄소를 공급해줘요. 자, 그럼 검정말이 광합성을 해서 기체를 내보낸다면 시험관 위쪽으로 모일 거예요.

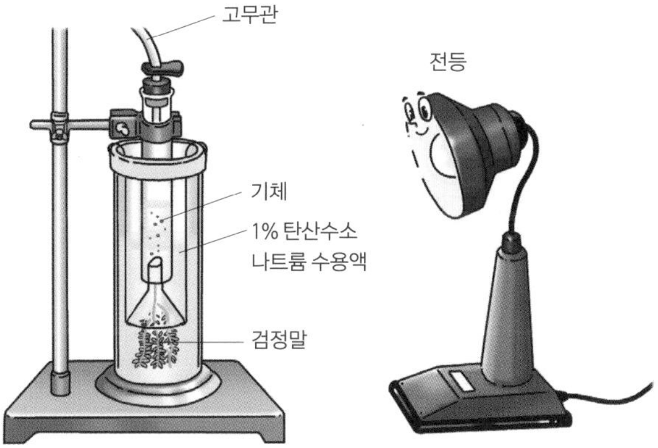

▲ 광합성으로 만들어지는 기체를 확인하는 실험

이제 빛이 잘 비치는 곳에 이 실험 장치를 놓아둘게요. 그러자 검정말에서 기체가 발생해 시험관에 모였어요. 이 기체가 무엇인지 확인해볼까요? 이를 위해 시험관 위쪽의 고무관을 열어 꺼져가는 성냥불을 가까이 가져가니 불이 확 살아났어요. 아하, 불이 잘 타게 해주는 것을 보니 광합성 결과 발생하는 기체는 바로 산소군요.

여러분, 식물의 광합성에 대해 지금까지 배운 내용을 잘 이해했나요? 광합성을 한눈에 알 수 있도록 요약한다면 다음과 같습니다.

$$\text{이산화 탄소} + \text{물} \xrightarrow{\text{빛에너지}} \text{포도당} + \text{산소}$$

광합성에는 어떤 요인이 영향을 미칠까?

식물이 살아가려면 광합성으로 양분을 만들어야 하지요? 그런데 많은 식물이 더운 여름에는 무럭무럭 자라고, 겨울에는 잎이 모두 떨어져요. 광합성이 온도의 영향을 받기 때문일까요? 광합성에 영향을 미치는 요인에는 어떤 것들이 있는지 지금부터 살펴볼게요.

온도가 높아지면 광합성량은 어떻게 변할까?

광합성과 세포 호흡 등은 물질대사 과정이에요. 생물의 몸에서 이런 복잡한 화학 반응이 일어나기 위해서는 화학 반응을 돕는 물질인 **효소**가 필요하죠.

그런데 효소는 온도에 많은 영향을 받아요.* 달걀프라이를 떠올려 볼게요. 달궈진 프라이팬에 달걀을 깨 넣으면 투명한 흰자부터 순식간에 하얗게 익어요. 달걀흰자는 단백질이 많은데, 단백질은 열에 쉽게 변성되기 때문이에요. 효소도 단백질로 구성되어 있어요. 그래서 효소가 작용하는 화학 반응은 온도에 영향을 많이 받는 거예요.

함께 생각해요!

* **온도에 따른 효소의 작용:** 사람의 체온은 36.5℃로 일정하게 유지되며, 이는 생체 반응을 돕는 효소가 36.5℃에서 가장 활발하게 작용하기 때문이에요. 그런데 우리가 세균이나 바이러스에 감염되면 열이 나요. 왜 그럴까요? 열이 나면 우리 몸에서 효소와 호르몬이 활발하게 작용하지 못해 몸이 더 힘들어지고, 열이 심하면 목숨까지 잃을 수도 있는데 말이죠. 아이러니하게도 몸에 침입한 세균이나 바이러스가 증식할 때 사람의 효소를 이용하기에, 체온을 올려 세균이나 바이러스의 활동을 억제하기 위해서예요.

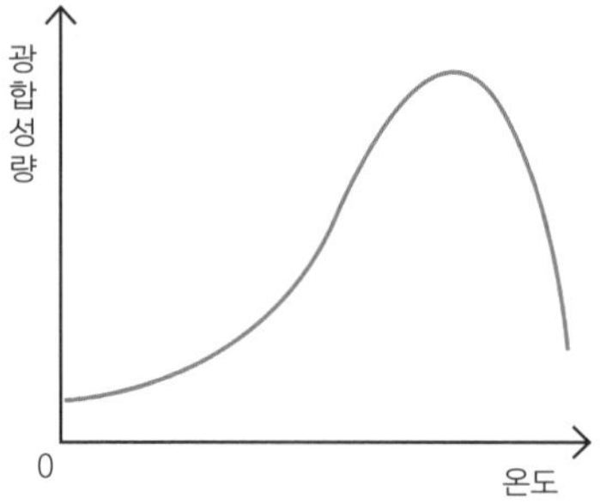

▲ 온도와 광합성량

왼쪽 그래프는 온도에 따라 광합성량이 어떻게 달라지는지를 보여줘요. 광합성량은 온도가 높아질수록 점점 증가하다가 35℃가 넘어가면 급격하게 감소하죠. 식물의 광합성에 관여하는 효소는 35℃에서 가장 활발하게 작용하기 때문이에요. 그럼 광합성은 여름과 겨울 중 언제 잘 일어날까요? 그래요. 기온이 높은 여름에 광합성이 활발해 식물이 잘 자란답니다.

요즘에는 겨울에도 여름 과일인 수박을 먹을 수 있어요. 이 수박은 비닐하우스에서 키우는데, 일단 비닐을 통해 햇빛이 들어오면 비닐 때문에 열이 밖으로 잘 빠져나가지 못하죠. 그래서 비닐하우스 안은 겨울에도 높은 온도를 유지할 수 있고, 덕분에 수박이 잘 자라요.

빛이 강해지면 광합성량은 어떻게 변할까?

광합성에는 빛이 필요해요. 광합성은 엽록체에서 빛에너지를 생명 활동을 하는 데 필요한 화학 에너지로 전환하는 과정이니까요. 그렇다면 식물이 강한 빛을 받을수록 광합성량이 증가할까요? 이를 알아보기 위해 검정말을 이산화 탄소가 많이 녹아 있는 노란색 BTB 용액에 넣어볼게요. 앞에서도 이런 장치를 준비해봤죠? 그런데 이번에는 햇빛 대신 LED 전등으로 빛을 공급할게요. 자, 시간이 지날수록 BTB 용액의 색은 어떻게 변할까요? 맞아요. 검정말이 광합성에 이산화 탄소를 이용하므로 BTB 용액은 중성이 되어 초록색으로 변해요. 그럼 LED 전등의 수를 두 개로 늘려 더 강한 빛을 비추면 BTB 용액의 색이 변하는 데 걸리는 시간은 어떻게 달라질까요? LED 전등의 수를 세 개, 네 개로 늘리면요?

실험 결과 LED 전등의 수를 늘리면 BTB 용액이 초록색으로 변하는 시간이 짧아졌어요. 색이 변하는 시간이 짧아진다는 건 광합성이 점점 활발하게 일어난다는 의미예요. 즉, 식물이 받는 빛의 세기가 강해질수록 광합성량이 증가한다는 것을 알 수 있어요.

그런데 오른쪽 그래프를 보면 처음에는 빛의 세기가 강할수록 식물의 광합성량이 증가하지만, 빛의 세기가 어느 정도 강해지면 광합성량이 더 늘지 않아요. 왜 그럴까요? 이유는 이때부터 엽록체

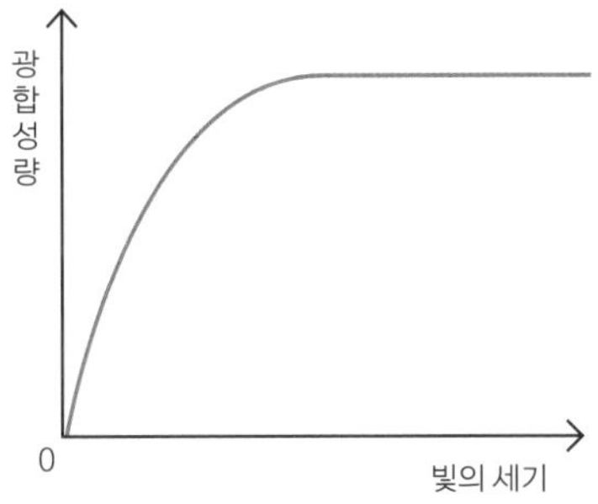

▲ 빛의 세기와 광합성량

가 최대로 활동하고 있기 때문이에요. 공장이 100개인데, 이 100개 공장이 모두 최대로 가동되면 더 이상 물건을 만들지 못하는 것과 같은 이치죠.

식물마다 빛의 세기에 따른 광합성량이 달라요. 식물 중에는 양지 식물과 음지 식물이 있어요. **양지 식물**은 빛을 많이 필요로 하는, 그러니까 햇빛이 많이 비치는 곳에서 잘 자라는 식물이고, **음지 식물**은 빛이 약해도 잘 자라는 식물이에요. 소나무는 대표적인 양지 식물이지요. 그런데 소나무가 무럭무럭 자라 숲을 이루면 어떻게 될까요? 숲 안쪽은 그늘이 져서 어린 소나무는 잘 자랄 수 없어요. 대신 떡갈나무 같은 음지 식물이 자라기 시작하죠. 결국 숲은 음지 식물이 주를 이루게 돼요. 혹시 숲에 간다면 소나무가 많은지, 떡갈나무가 많은지 주위를 둘러보는 것도 재밌겠네요. 그러면 그 숲이 얼마나 오래됐는지 짐작할 수 있을 거예요.

대기 중 이산화 탄소가 많아지면 광합성량은 어떻게 변할까?

이산화 탄소는 식물이 광합성으로 포도당을 만들기 위한 주재료예요. 당연히 재료가 풍부하게 공급되면 광합성이 잘 일어나겠죠? 하지만 이산화 탄소의 농도가 어느 수준에 도달하면 엽록체 공장이 모두 가동돼요. 빛의 세기에 따른 광합성량의 변화와 같은 원리죠.

오른쪽 그래프를 보세요. 이산화 탄소의 농도가 증가할 때 광합성량이 점점 증가하다가, 어느 농도 이상일 땐 광합성량이 더 이상 증가하지 않고 일정하게 유지되는 것을 알 수 있어요. 참고로 빛의 세기가 강할 경우 이산화 탄소의 농도가 약 0.1퍼센트 이상이면 광합성량이 일정합니다.

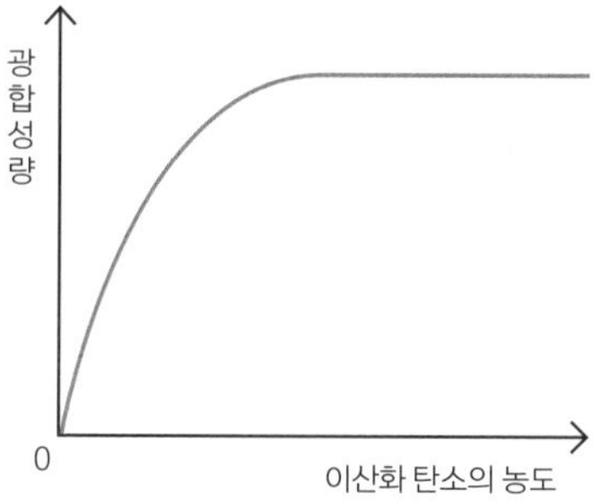

▲ 이산화 탄소의 농도와 광합성량

대기 중 이산화 탄소의 농도는 0.03퍼센트예요. 그런데 산업화가 증대되면서 대기 중 이산화 탄소의 농도가 점점 증가하고 있어요. 언뜻 이산화 탄소의 농도가 증가하면 식물의 광합성량이 증가하니 식물에게 좋을 것 같지요? 하지만 대기 중 이산화 탄소의 농도가 증가하는 이유 중 하나는 인간이 숲을 파괴한 결과예요. 또한 대기 중 이산화 탄소의 농도가 증가하면 지구의 기온이 높아지는 지구 온난화가 일어나고, 이런 변화는 각종 자연재해를 불러와요. 그러므로 지구의 모든 생물이 공존하기 위해서는 숲을 파괴하지 말아야 해요.

물을 끌어 올리는 원동력, 증산 작용

열대 지방에는 무려 100m 넘게 자라는 나무도 살아요. 거의 30층 아파트의 높이와 맞먹네요. 인공적인 펌프가 아닌 대기의 압력을 이용한 펌프는 약 10m까지 물을 끌어 올릴 수 있다고 해요. 그렇다면 100m나 되는 나무는 뿌리가 흡수한 물을 어떻게 꼭대기의 잎까지 보낼 수 있을까요? 나무 안에 강력한 펌프라도 있는 걸까요?

잠깐! 초등개념

식물에서 물의 이동 방향

뿌리를 자른 양파와 뿌리를 자르지 않은 양파를 각각 물이 담긴 비커에 올려놓을게요. 이때 양파 뿌리는 물에 닿도록 합니다. 시간이 지나면 두 비커에서는 어떤 차이가 나타날까요? 실험 결과 뿌리를 자르지 않은 양파를 올려놓은 비커의 물이 더 많이 줄어들어요. 이를 통해 식물의 뿌리가 물을 흡수한다는 사실을 알 수 있군요. 뿌리에서 흡수된 물은 줄기를 통해 위쪽의 잎과 꽃 등으로 이동해요. 이번에는 색소를 탄 물에 백합의 줄기를 넣은 후, 그 줄기를 잘라 단면을 관찰해볼게요. 그러면 가로 단면에는 색소로 물든 점들이, 세로 단면에는 색소로 물든 긴 선들이 나타나요. 이는 줄기 속에 물이 이동하는 통로가 있다는 의미예요.

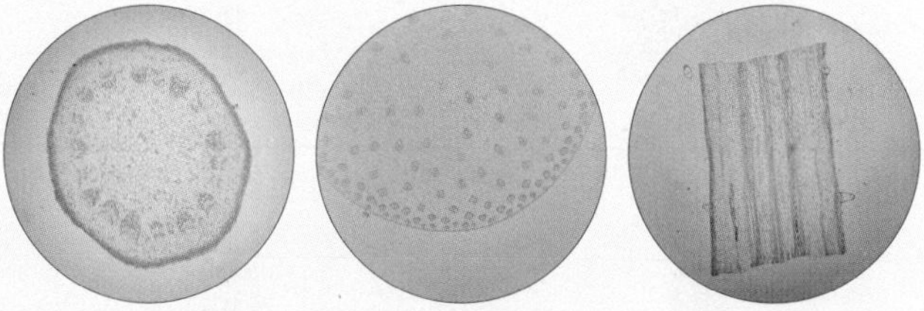

봉선화(가로 단면) 옥수수(가로 단면) 해바라기(세로 단면)

▲ **식물 줄기의 단면에 나타나는 물의 이동 통로**

잎에 도달한 물은 어디로 이동할까요? 햇빛이 잘 비치는 곳에서 잎이 달린 식물의 가지에 비닐봉지를 씌운 후 시간이 지나면, 비닐봉지 안에 물방울이 맺혀요. 광합성에 이용되고 남은 물의 대부분이 잎의 기공잎의 표면에 있는 작은 구멍을 통해 빠져나가기 때문이죠. 이를 증산 작용이라고 해요. 증산 작용 덕분에 뿌리에서 흡수된 물이 식물 맨 위쪽까지 이동할 수 있죠.

이번에도 간단한 실험을 해볼게요. 크기가 비슷한 나뭇가지 두 개를 준비해서 하나는 잎을 모두 떼어내요. 그런 후 두 개의 눈금실린더에 같은 양의 물을 넣고, 각각 잎이 달린 나뭇가지와 잎이 없는 나뭇가지를 넣습니다. 다음으로 두 눈금실린더를 햇빛이 잘 비치는 곳에 두고 물의 양을 측정해요. 이때 물의 증발을 막기 위해 물 위에 식용유를 몇 방울 떨어뜨려요.

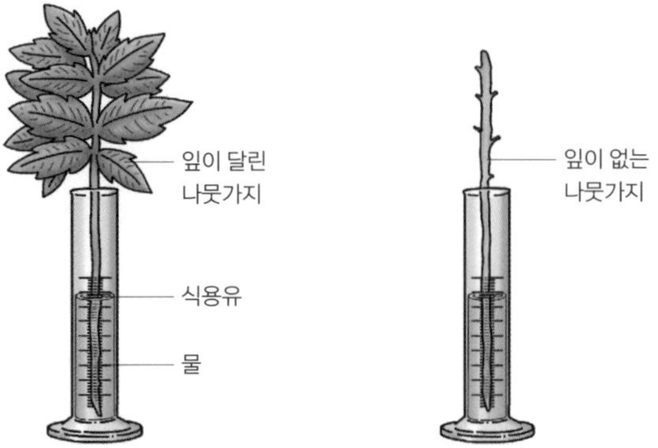

▲ 증산 작용을 확인하기 위한 실험

실험 결과, 잎이 없는 나뭇가지를 넣은 눈금실린더는 물의 양이 줄지 않았지만, 잎이 달린 나뭇가지를 넣은 눈금실린더는 물의 양이 많이 줄어들었어요. 줄어든 물은 어디로 갔을까요? 잎이 달린 나뭇가지가 물을 빨아들인 거예요. 이는 식물체 속의 물이 수증기 형태로 변해 잎 밖으로 빠져나가는 **증산 작용** 때문에 일어나요. 즉, 식물은 증산 작용을 통해 물을 끌어 올립니다. 우리가 빨대로 물을 빨아올리듯이 말이에요.

증산 작용은 식물에게 어떤 영향을 줄까요? 증산 작용으로 잎에 도달한 물은 광합성 등에 이용돼요. 그리고 나머지 물은 수증기가 되어 공기 중으로 빠져나가는데, 이는 식물의 체온이 높아지는 것을 막아주죠. 사람도 더울 때 땀을 흘려서 체온을 내리는데, 물이 증발하면서 열을 흡수하기 때문이에요. 식물도 증산 작용으로 체온을 조절한답니다.

식물 잎의 작은 구멍은 어떻게 만들어질까?

식물은 증산 작용을 통해 뿌리에서 흡수된 물을 위로 끌어 올리고, 물속에 포함된 무기염류를 사용해요. 식물의 잎에서는 수증기를 지속적으로 내보냄으로써 물관* 을 통해 물을 끌어 올리는 원동력을 만들죠. 그런데 잎의 표면은 식물체로부터 수분이 빠져나가지 못하도록 막는 큐티클층으로 덮여 있어요. 그럼 수증기는 잎의 어디로 빠져나갈까요?

함께 생각해요!

* **물관과 체관 :** 식물에는 마치 동물의 혈관처럼 물질이 이동하는 통로가 두 종류 있어요. 그중 물과 무기염류가 지나는 통로를 물관이라고 하고, 양분이 이동하는 통로를 체관이라고 해요. 뿌리에서 흡수한 물과 무기염류는 증산 작용으로 인해 식물의 꼭대기까지 올라갈 수 있는데, 그 통로가 물관이에요. 그리고 잎에서 광합성 작용으로 만들어진 양분은 체관을 통해 줄기나 뿌리 등 식물의 다른 곳으로 이동해요.

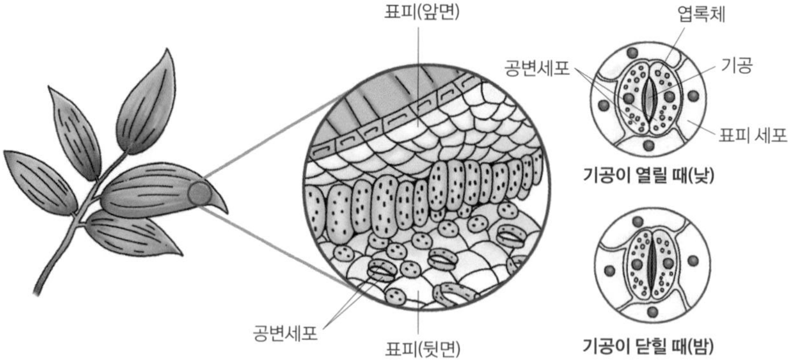

▲ 잎 속의 구조와 공변세포의 모양 변화

대부분의 식물은 잎 뒷면에 **기공**이라는 작은 구멍이 많이 있어요. 이 기공을 통해 수증기를 공기 중으로 방출하고, 이산화 탄소와 산소도 드나들죠.

기공은 어떻게 만들어질까요? 동물은 피부가 상피 세포로 되어 있어서 피부 안쪽을 보호해요. 마찬가지로 식물도 잎의 위아래가 표피 세포로 되어 있어서 안쪽의 조직을 보호하죠. 이 표피 세포가 특수하게 변한 **공변세포** 두 개가 기공을 만들어요.

기공이 만들어지는 원리를 알기 위해서는 공변세포의 특성을 이해해야 해요. 공변세포는 세포의 바깥쪽보다 안쪽의 세포벽이 더 두꺼워요. 그리고 공변세포는 표피 세포와 달리 엽록체를 가지고 있어요.

아침에 해가 뜨면 식물의 엽록체에서 광합성을 시작하고, 따라서 포도당을 합성하겠죠? 이때 공변세포 안의 농도가 높아져서 공변세포로 물이 들어와요. 이는 삼투 현상에 의한 것인데, 삼투 현상에 대해서는 잠시 후 '아하! 심화개념'에서 설명할게요. 그러면 물이 들어온 공변세포는 풍선처럼 부푸는데, 세포벽이 더 두꺼운 안쪽이 바깥쪽보다 적게 부풀면서 기공이 열리게 돼요. 참 신기하죠?

일반적으로 식물은 광합성을 위해 햇빛이 강한 낮에 기공을 열고, 햇빛이 없는 밤에는 대부분의 기공을 닫아요. 밤에는 빛이 없어 광합성을 할 수 없으므로 이산화 탄소를 흡수할 필요가 없거든요. 그래서 대부분의 기공을 닫고 수분 손실도 줄이는 거예요.*

함께 생각해요!

* **사막의 선인장이 생존하는 법 :** 식물은 햇빛이 비치는 낮에 광합성을 해요. 하지만 사막의 선인장은 낮에 기공을 열면 증산 작용으로 많은 수분을 잃게 되어 금방 말라 죽을 거예요. 그래서 선인장은 두 가지 방법으로 사막 환경에 적응해 생존할 수 있었어요. 첫째, 잎의 크기가 줄어 가시로 변하고, 줄기 내부에 수분을 많이 저장해요. 둘째, 기공을 밤에 열어요. 광합성 과정을 이원화해 햇빛이 있는 낮에 일부분을 진행한 후, 밤에 기공을 열어 이산화 탄소를 받아들이고 나머지 과정을 진행하죠. 그러면 낮에 기공으로 빠져나가는 수증기를 줄일 수 있답니다.

아하! 심화개념

식물의 뿌리는 물을 어떻게 흡수할까?

식물의 뿌리는 토양의 물을 어떻게 흡수할까요? 이 원리를 이해하기 위해서는 삼투 현상을 알아야 해요. 앞서 증산 작용을 배울 때 공변세포 안의 농도가 높아지면 공변세포로 물이 들어온다고 했죠? 이렇게 세포막을 경계로 농도가 낮은 쪽에서 농도가 높은 쪽으로 물이 이동하는 현상을 삼투 현상이라고 해요.

삼투 현상의 이해를 돕기 위해 예를 들어볼게요. 우리가 바다에서 오래 놀다 나오면 손가락이 쭈글쭈글해져 있어요. 손가락의 수분이 빠져나갔기 때문이죠. 왜 그럴까요? 우리 몸의 60~70퍼센트는 물로 이뤄져 있는데, 이 물은 맹물이 아니라 아주 낮은 농도인 0.9퍼센트 소금물이라고 할 수 있어요. 이에 비해 바닷물은 약 3.5퍼센트의 고농도 소금물이에요. 그래서 삼투 현상에 의해 농도가 낮은 우리 몸의 물이 바닷물로 빠져나가는 거예요.

삼투 현상은 김장할 때도 볼 수 있어요. 김치를 담그기 위해 배추에 소금을 뿌리고 절이는데, 시간이 지나면 배추가 흐물흐물해져 있죠? 이는 배추 속의 농도가 바깥쪽보다 낮아서, 물이 배추 세포 안에서 농도가 높은 바깥쪽으로 빠져나갔기 때문이에요.

다시 식물의 뿌리에서 물이 흡수되는 원리로 돌아올게요. 식물의 뿌리 안쪽 세포에는 많은 물질이 녹아 있어 토양보다 농도가 높아요. 그래서 삼투 현상에 의해 물은 토양에서 식물의 뿌리로 이동하지요.

우리는 식물을 키울 때, 잘 자라게 하기 위해 각종 무기염류가 포함된 비료를 줘요. 그런데 비료를 많이 줄수록 식물이 더 잘 자랄까요? 아니에요. 비료를 너무 많이 주면 식물이 말라 죽을 수도 있어요. 비료 때문에 토양의 농도가 매우 높아지거든요. 그러면 삼투 현상에 의해 오히려 식물의 뿌리에서 토양으로 물이 빠져나가 식물이 말라 죽게 되죠.

식물도 살아가는 데 산소가 필요할까요?

식물은 빛이 없는 밤에는 아무런 활동도 하지 않을까요?

2

식물도 숨을 쉴까?

| 식물의 호흡 |

식물의 세포벽은 어떤 성분으로 만들까요?

감자나 고구마에 들어 있는 녹말은 어떻게 생성된 걸까요?

식물이 광합성으로 양분을 만들면, 이 양분은 어디에 사용될까요? 식물도 동물과 마찬가지로, 양분을 분해해서 살아가는 데 필요한 에너지를 얻어요. 이 과정은 호흡을 통해 일어나죠. 흔히 식물 하면 광합성만 떠올리는데요. 이번 단원에서는 식물의 호흡에 대해 살펴볼게요. 또한 식물에서 만들어진 양분은 호흡 외에 어디에 사용되는지도 알아보도록 해요.

식물은 이산화 탄소를 방출하지 않을까?

우리가 쉽게 오해하는 게 하나 있어요. 동물은 살아가기 위해 산소를 받아들이고 이산화 탄소를 내보내는 반면, 식물은 이산화 탄소를 받아들이고 산소를 내보낸다는 거예요.

여러분도 그렇게 생각하나요? 하지만 이 말에는 식물의 물질대사 과정이 하나 빠졌어요. 바로 호흡이에요. 식물은 이산화 탄소를 받아들이고 산소를 내보내는 광합성 외에도, 살아가기 위해서 항상 **호흡**세포 호흡을 해요. 그리고 식물도 호흡할 때는 동물처럼 산소를 받아들이고 이산화 탄소를 내보내지요.

앞서 배웠듯이, 세포 호흡을 하기 위해서는 영양소가 필요해요. 동물은 다른 생물을 먹음으로써 영양소를 섭취하지만, 식물은 광합성으로 직접 영양소를 만들죠. 동물과 식물의 영양소 획득 및 세포 호흡 과정을 비교하면 다음 표와 같아요.

구분	영양소 획득	세포 호흡
동물	식사로 포도당 섭취	포도당+산소→이산화 탄소+물+에너지
식물	이산화 탄소+물 $\xrightarrow{\text{빛 에너지}}$ 포도당+산소	포도당+산소→이산화 탄소+물+에너지

▲ 동물과 식물의 영양소 획득과 세포 호흡 과정

아래 그림을 보세요. (가)처럼 촛불을 켜고 유리종을 덮어 밀폐된 상태를 만들면, 잠시 후 촛불이 꺼지는 것을 볼 수 있어요. 이는 촛불이 연소할 때 유리종 안의 산소를 이용하기 때문이에요. 이번에는 (나)처럼 촛불과 식물을 함께 넣고 유리종을 덮어볼게요. 그러면 햇빛이 잘 비치는 곳에서는 촛불이 더 오래 타요. 이는 식물이 광합성

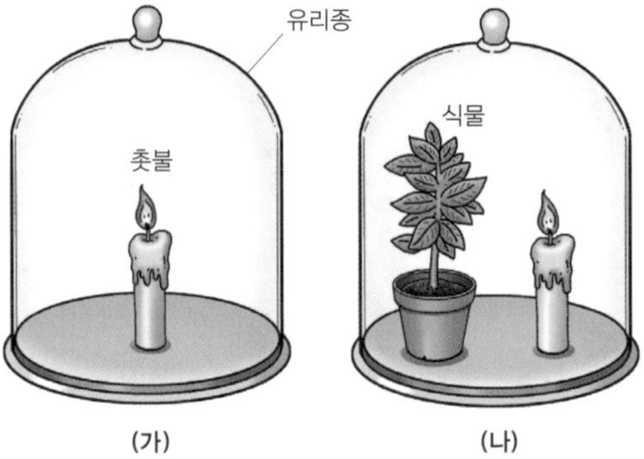

▲ 식물의 호흡 실험

을 통해 산소를 계속 방출하기 때문이죠. 반대로 햇빛이 없는 어두운 곳에서는 촛불이 어떻게 될까요? (가)처럼 촛불만 있을 때보다 오히려 더 빨리 꺼져요. 왜 그럴까요? 식물은 햇빛이 없어 호흡만 하고, 이 과정에서 유리종 안의 산소를 이용하기 때문에 촛불이 더 빨리 꺼지는 거예요.

정리하면, 식물은 살아가기 위해 광합성과 호흡을 모두 해요. 햇빛이 있는 낮에는 광합성과 호흡이 동시에 일어나고, 햇빛이 없는 밤에는 광합성을 할 수 없으니 호흡만 일어나지요.

이런 이유로 식물의 기체 교환은 낮과 밤에 반대로 일어나요. 낮에는 광합성량이 호흡량보다 많은데, 이때 광합성 결과 만들어진 산소를 호흡에 이용하고, 호흡 결과 만들어진 이산화 탄소를 광합성에 이용하죠. 따라서 낮에는 식물이 공기 중의 이산화 탄소를 흡수하고 공기 중으로 산소를 방출해요. 반면, 밤에는 호흡만 일어나므로 식물이 공기 중의 산소를 흡수하고 공기 중으로 이산화 탄소를 방출한답니다.

참고로 식물은 동물처럼 운동성이 없어서 동물만큼 호흡이 많이 일어나지 않고, 그러므로 산소도 많이 필요하지 않아요. 뿌리를 통해 산소를 흡수하기도 하고, 열린 기공을 통해 산소를 받아들이기도 하죠.

식물 여기저기에 저장되는 양분

식물은 광합성으로 포도당을 만들어요. 그리고 방금 말했듯이, 포도당은 살아가는 데 필요한 에너지를 얻는 데 쓰이지요. 식물에서 포도당은 이 외에 어디에 사용될까요?

겨울철에 나무는 벌거숭이가 돼요. 하지만 봄이 오면 잎눈에서 싹이 트고 나뭇잎이 점점 커지죠. 식물은 어떤 성분으로 잎을 만들까요? 식물의 세포벽은 셀룰로스라는 탄수화물로 이뤄져 있어요. 포도당은 결합하는 방식에 따라 녹말도 되고 셀룰로스도 되는데, 식물은 일단 셀룰로스로 세포벽을 만들어 생장하는 데 사용해요.

포도당은 엽록체에 녹말 형태로 저장되며, 주로 물에 잘 녹는 설탕 형태로 전환되어 체관을 통해 식물의 각 부분으로 이동해요. 그리고 호흡과 세포 구성 등에 사용하고 남은 양분은 녹말, 단백질, 지방 등으로 바뀌어 뿌리, 줄기, 열매, 씨 등에 저장돼요. 예를 들어, 쌀이나 보리 같은 곡식은 열매에 녹말이 저장되고, 감자는 줄기에, 고구마는 뿌리에 녹말이 저장되죠. 꽃의 꿀은 양분이 포도당과 과당 형태로 저장된 것이고, 사탕수수 줄기에는 설탕의 형태로 양분이 저장돼요. 콩은 녹말과 단백질이 풍부한 낱알을 만들고, 깨는 녹말에 지방 등을 더해 고소한 기름이 많은 씨앗을 만들어요. 이처럼 식물은 광합성을 통해 모든 것을 만든답니다.

4부

우리는 어떤 과정으로 자극에 반응하고, 체온을 조절할까

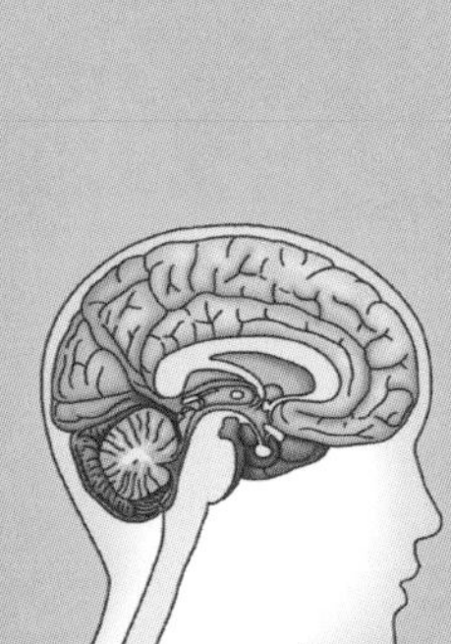

고양이의 눈동자는 왜 밝은 곳보다 어두운 곳에서 더 클까요?

귀는 듣는 기능 외에 어떤 기능이 있을까요?

1

감각은 어떤 경로로 만들어질까?

| 감각 기관 |

같은 냄새를 계속 맡으면 냄새가 더 강하게 느껴질까요?

매운맛은 미각일까요, 아닐까요?

여러분, 생물의 일곱 가지 특성을 기억하고 있나요? 그 중에는 '자극에 대한 반응'도 있었어요. 사람도 생물이니 당연히 자극에 대해 반응하겠죠? 그럼 우리 몸의 다섯 가지 감각 기관인 눈, 귀, 코, 혀, 피부에서는 각각 어떤 경로를 통해 자극을 받아들일까요? 그리고 우리는 어떻게 시각, 청각, 후각, 미각, 피부 감각 등을 느낄 수 있을까요?

자극을 받아들이는 다양한 센서

생물은 자극에 대해 특정한 반응을 해요. 예를 들어, 식물이 빛의 방향으로 자라는 것이나, 지렁이가 빛이 없는 땅속으로 이동하는 것도 자극에 대한 반응이에요. 더 재밌는 예도 들어볼까요?

혹시 파리지옥이라는 식물을 아나요? 파리지옥은 잎을 재빨리 접어서 곤충을 잡아먹어 단백질을 보충한답니다. 파리지옥에 눈이 달린 것도 아닌데, 어떻게 곤충이 앉은 것을 알고 잎을 접을까요? 파리지옥의 잎을 자세히 보면, 세 쌍의 감각모가 있어요. 이 감각모는 일종의 센서라고 생각하면 돼요. 곤충이 이 감각모 중 두 쌍 이상을 건드리면 파리지옥은 벌어졌던 잎을 즉시 접지요. 즉, 감각모를 건드리는 '자극'에 대해 잎을 접는 '반응'을 해요. 참 신기하죠?

사람도 빛이나 소리, 화학 물질, 통증 등 다양한 자극을 받으면 그에 따라 반응해요. 이번 단원에서는 자극과 반응 중 자극을 느끼는 감각에 대해 주로 알아보고, 자극에 대한 반응은 다음 단원에서 더 살펴볼게요.

잠깐! 초등개념

우리 몸의 감각 기관

우리는 눈으로 사물을 보고, 귀로 소리를 들어요. 또한 코로 냄새를 맡고, 혀로 맛을 알 수 있지요. 피부로는 압력, 통증, 차가움과 따뜻함 등을 느껴요.
이처럼 우리 몸에서 눈, 귀, 코, 혀, 피부는 주변에서 전달된 자극을 받아들이는데, 이런 역할을 하는 기관을 감각 기관이라고 해요. 그리고 눈, 귀, 코, 혀, 피부를 통해 느끼는 감각을 각각 시각, 청각, 후각, 미각, 피부 감각이라고 하죠. 감각 기관이 받아들인 자극이 신경계를 통해 뇌로 전달되면 감각을 느끼게 돼요.

시각이란 무엇일까요? 예, 보는 거예요. '본다'는 건 물체에서 나오거나 반사된 빛이 눈으로 들어오고 이를 뇌에서 영상으로 처리하는 과정이지요. 즉, 눈은 빛 자극을 받아들이는 감각 기관이에요. 다음으로, 귀는 소리음파 자극을 받아들여요. 귀는 중력과 회전 자극도 받아들이죠. 또한 코는 기체 상태의 화학 물질을, 혀는 액체 상태의 화학 물질을, 피부는 통증·압력·접촉·상대적인 온도 변화 등을 자극

▲ 감각 기관과 감각의 종류

으로 받아들여요. 그리고 우리 몸은 자극을 감지하면 그에 대한 반응을 합니다. 예를 들어, 언덕을 올라갈 땐 몸을 앞쪽으로 숙여요. 기울어진 언덕에서 귀의 전정 기관이 중력 자극을 받아들이자, 몸의 중심을 잡기 위해 몸을 앞쪽으로 숙이는 반응을 한 거예요.

자극과 반응을 컴퓨터와 비교해볼게요. 뇌는 컴퓨터의 중앙처리장치라고 할 수 있어요. 눈은 웹캠빛 센서, 귀는 마이크소리 센서이고, 코와 혀와 피부도 각종 센서라고 할 수 있겠네요. 이런 센서에서 들어온 정보는 중앙처리장치에서 처리·판독하죠. 그러니까 우리 몸의 감각 기관인 눈, 귀, 코, 혀, 피부는 자극을 받아들이고, 이 감각 기관에서 오는 정보를 뇌에서 처리하고 판단하는 거예요.

이제 감각 기관의 구조와 기능에 대해 조금 더 알아볼까요?

빛을 받아들이는 눈: 시각의 형성

우리는 눈을 통해 빛을 자극으로 받아들여 물체의 형태·색깔·거리 등을 느끼는데, 이 감각을 시각이라고 해요. 눈은 탁구공만 한 크기로, 많은 부분이 몸 안쪽에 들어가 있어요. 그러니까 우리 얼굴의 눈은 그 일부만 보이는 거예요. 눈은 어떤 구조로 되어 있기에 빛을 받아들이고, 시각을 형성할 수 있을까요?

눈의 구조는 상당히 복잡해요. 그래도 빛이 들어오는 부분부터 찬찬히 살펴보면, 우리가 물체를 볼 수 있는 원리를 금방 이해할 수 있답니다. 먼저 눈의 앞쪽 가장 바깥에는 투명한 **각막**이 있어요. 각막은 눈 안쪽을 보호해주죠.

각막 안쪽에는 **홍채**가 있어요. 사람의 눈 색깔은 검은색·갈색·초록색·파란색 등 다양한데, 이를 결정하는 게 바로 홍채의 색이에요. 또한 얇은 막으로 된 홍채는 늘었다 줄었다 하면서 동공의 크기를 조절해요. **동공**은 눈 안쪽으로 빛이 들어가는 부분으로, 앞에서 볼 때 눈의 한가운데에 있는 구멍이에요. 홍채는 카메라의 조리개 같은 역

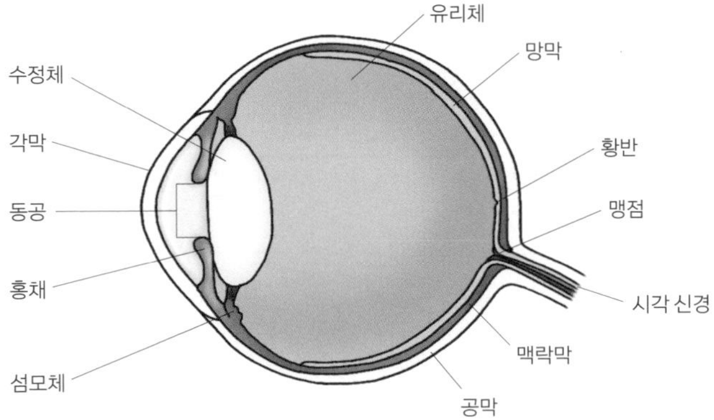

▲ 눈의 구조

할을 하면서 눈으로 들어오는 빛의 양을 조절하는 거예요. 예를 들어, 아침에 커튼을 열자 햇빛에 눈이 부시다면 눈으로 들어오는 빛의 양을 줄여야겠죠? 그래서 이런 경우에는 홍채의 면적이 늘어나면서 상대적으로 동공의 크기가 작아져, 눈으로 들어오는 빛의 양이 줄어요. 반대로 어두운 극장 안으로 들어가면 사물이 잘 안 보이므로 빛이 더 필요해요. 이번에는 홍채와 동공이 어떻게 변할까요? 그렇죠. 홍채의 면적이 줄어들면서 동공의 크기가 커지게 돼요.

다음은 **수정체**예요. 투명한 단백질로 이뤄진 수정체는 볼록 렌즈 모양이에요. 볼록 렌즈는 어떤 기능이 있죠? 맞아요. 빛을 굴절시켜 모아줘요. 수정체도 동공으로 들어온 빛을 모아 망막에 물체의 상이

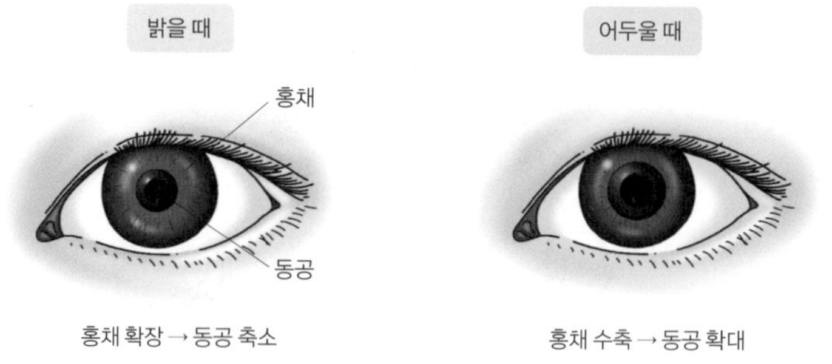

▲ 빛의 양과 홍채 및 동공의 크기 조절

맺히도록 하는 기능이 있어요. 이때 눈으로 보는 물체와의 거리에 따라 수정체의 두께가 조절되면서 물체의 상이 망막에 정확히 맺히게 돼요. 그럼 수정체의 두께는 어떻게 조절될까요? 이 역할은 수정체와 연결된 섬모체가 해줘요. 섬모체는 근육의 일종으로, 수축과 이완을 통해 수정체의 두께를 조절해요. 가까운 곳을 볼 때는 섬모체가 수축하면서 수정체가 두꺼워지고, 먼 곳을 볼 때는 섬모체가 이완하면서 수정체가 얇아지죠.

다음은 **유리체**예요. 눈은 공 모양인데, 공 안쪽이 비어 있으면 찌그러질 수도 있겠죠? 그래서 눈 안쪽에는 투명한 젤리성 물질이 채워져 있어요. 눈의 형태를 유지해주는 이것이 바로 유리체예요. 수정체를 지난 빛은 유리체를 지나서 망막에 도달해요.

눈을 둘러싸는 막은 안쪽부터 망막·맥락막·공막, 세 종류예요. 그

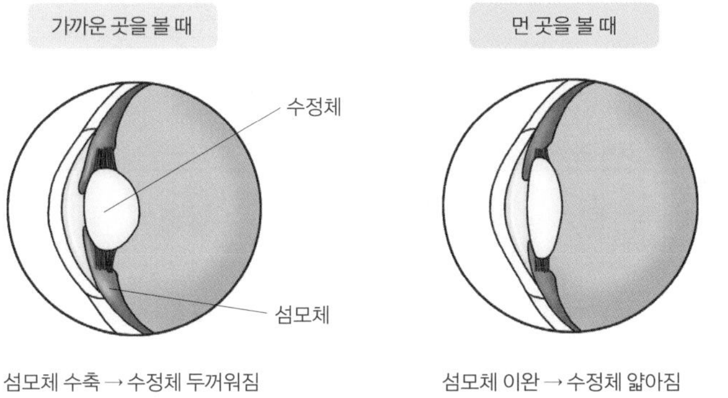

▲ 물체까지의 거리와 수정체의 두께

중 가장 안쪽 막인 **망막**은 물체의 상이 맺히는 곳으로, 시각 세포가 있죠. 시각 세포는 빛 자극에 반응해 전기 신호를 만들고, 이 전기 신호는 시각 신경을 통해 뇌로 전달됩니다. 그러면 뇌는 이를 영상으로 판독해요. 참고로 망막에서 시각 세포가 많이 모여 있는 부분을 **황반**이라고 하는데, 물체의 상이 황반에 맺히면 선명하게 보여요. 반면, 망막에는 시각 세포가 없는 부분도 있는데, 이를 **맹점**이라고 불러요. 맹점은 시각 신경이 모이는 곳으로, 여기에 물체의 상이 맺히면 물체가 보이지 않아요.

이제 두 번째 막인 **맥락막**으로 넘어갈게요. 맥락막은 검은색 색소가 있어서 암실처럼 눈 안쪽에서 빛이 산란되거나 반사되는 것을 막아 물체의 상이 정확히 맺히게 해줘요.

마지막으로, **공막**은 눈의 가장 바깥을 둘러싸고 있는 막이에요. 공막은 강하고 질겨서 눈을 보호하고 외부 형태를 유지하는 역할을 해요. 이 공막이 눈의 흰자위에 해당해요.

정리하면, 빛 자극이 다음과 같은 순서로 전달되면서 시각이 형성돼요.

물체에서 오는 빛 → 각막 → 수정체 → 유리체 → 망막(시각 세포) → 시각 신경 → 뇌

소리도 듣고, 기울어짐과 회전도 감지하는 귀: 청각과 평형 감각의 형성

우리는 귀를 통해 소리를 들을 수 있어요. 소리란 무엇일까요? 소리는 파동의 일종으로, 공기 등을 통해 진동이 퍼져 나가는 거예요. 그래서 소리를 음파라고도 하죠. 물질이 1초 동안 진동하는 횟수를 진동수라고 하며, 그 단위는 Hz헤르츠예요. 인간은 진동수가 16~2만Hz인 소리를 들을 수 있는데, 이 범위를 가청可 옳을 가, 聽 들을 청 진동수라고 해요. 한편 진동수가 가청 진동수보다 높아 인간이 들을 수 없는 소리를 초음파라고 해요. 박쥐나 돌고래는 초

음파로 의사소통을 하죠. 초음파는 태아를 검사하는 데도 이용해요.

이제 소리를 느끼는 감각인 청각이 어떻게 형성되는지 알아볼 차례군요. 그러기 위해서는 먼저 귀의 구조를 잘 이해해야 해요. 귀의 구조 중 우리 눈에 보이는 부분은 **귓바퀴**예요. 귀의 가장 바깥에 있는 귓바퀴는 소리를 모으는 역할을 하지요. 그리고 귓바퀴와 고막 사이에는 소리가 지나는 통로인 **외이도**가 있고, 고막 안쪽에는 굉장히 복잡한 기관들이 있어요.

외이도를 따라 들어가면 가장 먼저 고막을 만나게 돼요. **고막**은 0.1mm 정도의 아주 얇은 막으로, 소리에 의해 진동해요. 고막 뒤에는 고막의 진동을 증폭하는 **귓속뼈**가 있어요. 그리고 귓속뼈는 달팽이 모양의 기관에 붙어 있죠. 이 달팽이 모양의 더듬이 부분을 **반고**

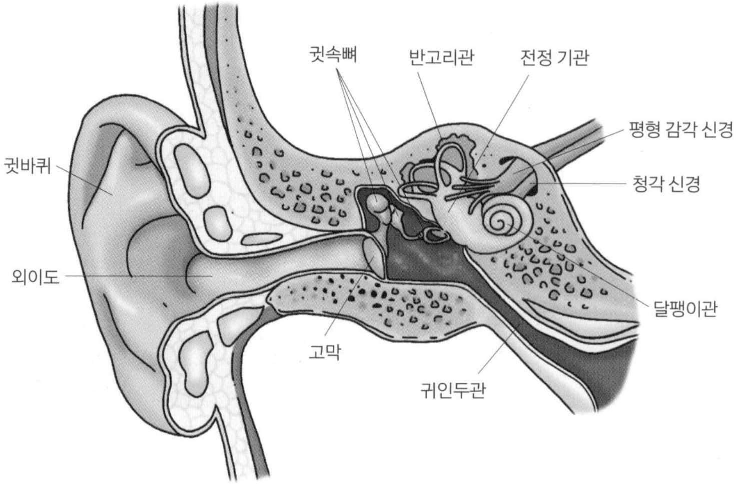

▲ 귀의 구조

리관, 머리 부분을 **전정 기관**, 달팽이집 부분을 **달팽이관**이라고 불러요. 그중 달팽이관에는 진동을 자극으로 받아들이는 청각 세포가 있어요. 청각 세포에서 받아들인 자극은 전기 신호로 바뀌어 청각 신경을 통해 뇌로 전달돼요.

정리하면, 소리 자극이 다음과 같은 순서로 전달되면서 청각이 형성돼요.

발생한 소리 → 귓바퀴 → 외이도 → 고막 → 귓속뼈 → 달팽이관 (청각 세포) → 청각 신경 → 뇌

흔히 귀는 듣는 기능만 있다고 생각하는데, 또 다른 중요한 기능도 있어요. 몸이 기울어지거나 회전하는 것을 느끼는 평형 감각이에요. 귀의 전정 기관은 몸의 기울어짐을, 반고리관은 몸의 회전을 감지하게 하죠. 즉, 전정 기관은 중력에 대한 자극을, 반고리관은 회전에 대한 자극을 받아들여요. 그러면 평형 감각 신경이 이 두 기관에서 받아들인 자극을 뇌로 전달해, 몸의 기울어짐이나 회전을 느껴요.

한편 귓속뼈가 있는 귀의 중간 부분을 보면 아래로 비스듬히 긴 관이 있는데, 이를 **귀인두관**유스타키오관이라고 해요. 귀인두관은 고막 안쪽과 바깥쪽의 압력을 같게 조절해줘요. 여러분도 비행기를 타거나, 자동차를 타고 높은 산을 넘을 때 귀가 먹먹했던 경험이 있죠? 높은 곳에서는 대기의 압력이 낮아, 고막을 경계로 귀 안쪽과 바깥쪽의 압력이 다르기 때문에 그래요. 이때 침을 삼키거나 하품을 하면 귀인두관의 한쪽 끝이 열리면서 고막 사이의 압력 차이가 줄어들어요. 이제 귀가 먹먹해지면 "귀인두관! 일 제대로 안 해?"라고 말해볼까요?

수천 가지 냄새를 맡는 코: 후각의 형성

냄새를 잘 맡는 사람에게 '개코'라고 표현하

기도 하죠? 이는 개의 후각이 사람보다 뛰어나기 때문에 생긴 말이에요. 후각, 그러니까 냄새를 맡는 감각은 어떤 원리로 형성되기에 개의 후각이 뛰어난 걸까요?

후각이란 코에서 기체 상태의 화학 물질을 자극으로 받아들이는 감각이에요. 기체 상태의 화학 물질이 콧속의 **후각 세포**를 자극하면 전기 신호가 발생하는데, 이 신호가 후각 신경을 통해 뇌로 전달되면서 느끼는 감각이죠. 콧속 윗부분에 있는 후각 상피에는 수천 가지의 냄새 물질과 결합할 수 있는 후각 세포가 있어요. 따라서 우리는 수천 가지의 냄새를 구별할 수 있지요.

개는 사람보다 훨씬 많은 후각 세포를 가지고 있어서 적은 양의 냄새 물질에도 민감하게 반응해 뇌에서 처리하죠. 그래서 마약 탐지견

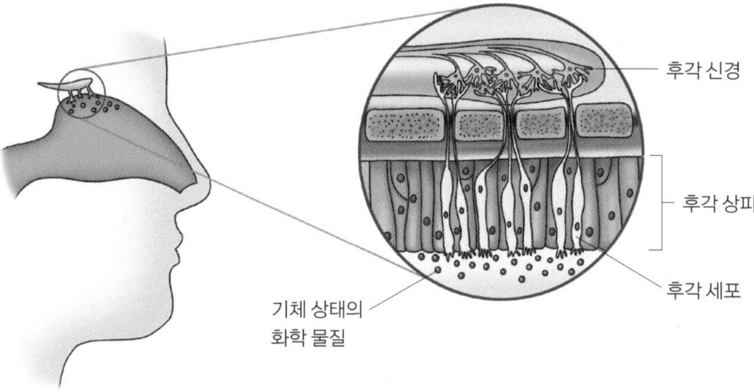

▲ **코의 구조**

이나 구조견으로 활약할 수 있는 거예요.

후각 세포는 쉽게 피로해지는데, 이 때문에 같은 냄새를 계속 맡으면 잘 느끼지 못해요. 청국장을 끓이면 온 집 안에 냄새가 강하게 나지만, 시간이 지나면 그 냄새를 크게 의식하지 않잖아요. 이는 냄새가 사라진 게 아니라 후각이 무뎌졌기 때문이에요.

음식의 기본 맛을 담당하는 혀:
미각의 형성

야식으로 먹는 치킨은 최고예요. 빨간 양념이 묻은 닭 다리를 한입 베어 물면 혀에서 단맛과 짠맛이 어우러져, 쌓였던 스트레스를 날릴 정도로 행복해지죠. 맛있는 음식을 느끼게 해주는 혀에게 감사할 따름이에요.

우리는 음식을 먹으면 단맛, 신맛, 짠맛, 쓴맛, 감칠맛 등을 느껴요. 이 감각을 미각이라고 하며, 미각은 혀에서 액체 상태의 화학 물질을 자극으로 받아들여 느끼게 돼요. 그런데 우리는 어떻게 단맛, 신맛, 짠맛, 쓴맛, 감칠맛을 구별할 수 있을까요?

혀의 표면을 잘 관찰하면 작은 돌기들이 보여요. 이 돌기 옆면에 많은 맛봉오리가 있답니다. 그리고 이 맛봉오리에 다섯 가지 **맛세포**

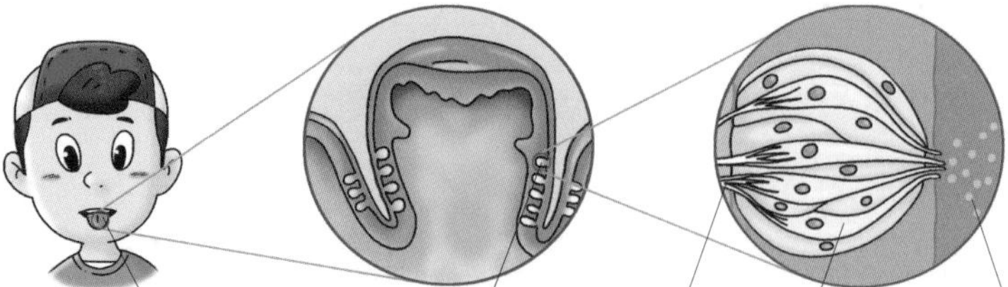

▲ 혀의 구조

미각 세포가 있어요. 예를 들어, 설탕 같은 당 분자를 감지하게 하는 맛세포가 있는데, 이 맛세포를 당 분자가 자극하면 미각 신경을 통해 전기 신호를 뇌로 보내요. 그럼 우리는 '단맛이구나!' 하고 느끼는 거예요.

이와 같은 원리로, 신맛은 수소 이온을 받아들일 때 느껴요. 신맛을 내는 물질은 산성을 띠는데, 산성 물질은 물에 녹았을 때 수소 이온을 내거든요. 짠맛을 느끼게 하는 맛세포는 나트륨 이온을 받아들여요. 짠맛을 내는 소금의 성분이 염화 나트륨이라는 사실을 알면 이해가 쉬울 거예요. 그런데 이온이란 무엇일까요? 간단히 설명하면, 물질을 이루는 기본 입자가 전기적 성질을 띠는 거라고 생각하면 되겠어요.

쓴맛을 느끼게 하는 맛세포는 30가지 정도의 물질과 결합해 다양한 쓴맛을 감지하게 해요. 그리고 감칠맛은 오래 끓인 고깃국에서 느끼는 깊은 맛으로, 글루탐산에 의해 나타나는 맛이에요. 조미료 광고를 보면 감칠맛을 강조하곤 하는데, 이는 조미료에 글루탐산 성분이 많이 들어 있기 때문이에요.

우리는 흔히 매운 음식을 먹으면 매운맛이 난다고 해요. 하지만 매운맛은 미각이 아니라 피부 감각이에요. 매운 음식에 있는 캡사이신이라는 화학 물질이 혀 피부의 통점을 자극해 아픔을 느끼는 거죠. 매운 음식을 먹으면 입술이 얼얼해지는 것도 이런 이유 때문이에요. 이 외에 안 익은 감을 먹을 때 느끼는 떫은맛은 피부 감각 중 누르는 압력을 느끼는 압각, 생선의 비린 맛은 후각에 해당해요. 이들은 미각이라고 할 수 없지만, 사실 음식의 다양한 맛은 후각·미각·피부 감각이 복합적으로 작용해 느끼는 거예요. 그래서 감기에 심하게 걸려 코가 막히면 맛을 잘 느끼지 못해요.

다섯 가지 자극을 받아들이는 피부 : 피부 감각의 형성

피부 감각은 피부를 통해 느끼는 감각이며, 피부에는 자극을 받아들이는 부위인 감각점이 있어요. 피부의 감각점은 다섯 가지로, 통점·압점·촉점·냉점·온점이에요.

통점은 통증을 자극으로 받아들이는 감각점으로, 강한 압력이나 높은 열, 또는 캡사이신 같은 특정 화학 물질을 받아들이죠. 피부에는 감각점 중 통점의 수가 가장 많은데, 우리 몸을 위험한 상황에서 보호하는 방어 작용을 하기 때문이에요. 우리는 뜨거운 물에 닿으면 재빨리 피하게 되지요? 만약 통점이 없다면 아픔을 느끼지 못해 뜨거운 물에 화상을 입을지도 몰라요. **압점**은 작은 압력을 자극으로 받아들이고, **촉점**은 접촉을 자극으로 받아들여요. 물건을 손에 올려뒀을 때는 압점, 파리가 팔에 앉았을 때는 촉점이 자극을 받아들여 피부 감각 신경을 통해 전기 신호를 뇌로 보내죠. 그래서 우리는 눈을 감고도 이런 감각을 느끼는 거예요.

온점과 **냉점**은 무엇을 자극으로 받아들일까요? 흔히 온점을 통해서는 따뜻함을, 냉점을 통해서는 차가움을 느낀다고 생각하는데, 이는 엄밀히 말하면 상대적인 온도 변화를 느끼는 겁니다. 예를 들어볼게요. 왼손은 20℃인 물에, 오른손은 40℃인 물에 넣었다가, 두 손을 동시에 30℃인 물로 옮기면 어떻게 느껴질까요? 왼손은 온도가 높아졌으므로 따뜻하게, 오른손은 온도가 낮아졌으므로 차갑게 느껴질 거예요. 겨울날 씻을 때, 손으로 물을 만져보니 분명 따뜻했는데 머리를 감으려니 차가웠던 적이 있나요? 이는 상대적인 온도 변화 때문에 각각 온점과 냉점이 자극을 받아들여서 그렇답니다.

아하! 심화개념

귀는 서로 다른 소리를 어떻게 구별할까?

소리음파를 구별하기 위한 두 가지 중요한 요소는 '세기'와 '높낮이'예요. 파동의 진폭이 클수록 소리가 크고, 파동의 진동수가 클수록 소리가 높죠. 소리의 높낮이는 음계라고 생각하면 돼요. 보통 여자 목소리는 높고, 남자 목소리는 낮아요.

귀에서는 소리의 세기와 높낮이를 어떻게 구별할까요? 앞서 말했듯이, 청각도 시각과 마찬가지로 뇌의 반응이에요. 귀는 음파의 미세한 차이를 전기 신호로 만들어 뇌로 보내고, 뇌가 이를 판단하는 거죠. 그럼 앞서 배운 청각 형성 과정을 다시 한 번 떠올리면서, 먼저 소리의 높낮이를 구별하는 원리를 살펴볼게요.

음파가 외이도를 통해 고막에 도달하면 이 공기의 진동이 얇은 고막을 진동시키고, 고막의 진동은 귓속뼈로 전해져요. 귓속뼈의 역할은 무엇이었죠? 예, 고막의 진동을 증폭시키는 거예요. 귓속뼈는 비어 있기 때문에 소리가 증폭되지요. 지하실 같은 빈 공간에서 소리가 울리는 것처럼 말이에요.

증폭된 소리는 이제 달팽이관으로 가요. 그런데 말려 있는 달팽이관을 펴면 어떤 모양이 될까요? 달팽이관의 시작 부분에서 끝부분으로 갈수록 점점 좁아지는 긴 사다리꼴 모양이 될 거예요. 바로 이것이 소리의 높낮이를 구별하는 원리가 돼요. 달팽이관은 액체로 가득 채워져 있는데, 음파가 액체를 통해 전달되다가 자신의 진동수와 맞는 곳의 청각 세포를 최대로 자극하는 거예요. 이때 달팽이관의 시작 부분에서 끝부분으로 갈수록 진동수가 작은 소리, 즉 낮은 소리를 받아들이죠.

이제 달팽이관의 청각 세포가 만든 전기 신호는 청각 신경을 통해 뇌로 전해져요. 그러면 뇌는 각 청각 신경에서 오는 신호를 분석해 소리의 높낮이를 구별하는 겁니다. 마치 피아노 건반 같지요?

다음으로 소리의 세기를 구별하는 원리를 이야기할게요. 소리의 세기는 음파의 진폭에 의해 결정된다고 했죠? 따라서 소리가 클수록 달팽이관이 더 세게 흔들려 청각 세포에서 더 많은 전기 신호가 발생해요.

학습, 기억, 추리 같은 정신 활동은 뇌의 어느 부위에서 일어날까요?

공포 영화를 보면 왜 심장이 빨리 뛸까요?

2

몸의 기능을 조절하는 두 가지 방법과 항상성

신경계와 호르몬, 그리고 항상성

생장 호르몬이 계속 나오면 키가 크니까 좋지 않을까요?

추울 때는 몸이 떨리고 얼굴이 허옇게 변하는데, 왜 그럴까요?

우리는 앞 단원에서 자극을 받아들이는 감각 기관에 대해 배웠어요. 그럼 자극에 대한 반응은 어떻게 일어날까요? 이를 알기 위해 우리 몸의 신경계를 살펴볼 시간이군요. 이번 단원에서는 신경계뿐 아니라, 우리 몸의 기능을 조절하는 또 다른 방법인 호르몬, 그리고 신경계와 호르몬의 작용으로 일어나는 항상성 유지에 대해서도 알아볼게요.

우리 몸의 신호 전달 시스템, 신경계

양은 냄비에 맛있는 라면을 끓였어요. 이제 식탁에 옮기기만 하면 되는데, "앗, 뜨거워!" 깜박하고 냄비 손잡이를 그냥 잡았네요. 이때 손은 어떻게 반응할까요? 여러분도 뜨거운 그릇에 손이 닿았다가 자신도 모르게 손이 떨어졌던 경험이 있을 거예요. 이렇게 우리는 여러 가지 자극을 감지하고, 그것에 적절히 반응해요. 칠판에 쓴 글씨를 보고 노트에 필기하는 것, 음식을 먹으면 위장에서 소화시키는 것, 달리기를 할 때 심장이 빨리 뛰는 것, 이 모두는 자극에 대한 반응이 일어난 거예요. 우리가 의식하는 반응도 있고, 의식하지 않고 저절로 일어나는 반응도 있지요. 그렇다면 반응은 어떻게 일어날까요?

우리 몸에서는 신경계를 통해 자극에 대한 반응이 일어나요. **신경계**는 몸에서 자극을 전달하고 이 자극을 분석해 적절히 반응하도록 신호를 전달하는 체계를 말해요.

잠깐! 초등개념

자극의 전달과 반응

피구 경기에서는 날아오는 공을 피하거나 잡아야 하죠? 이때 날아오는 공은 시각 자극이고, 공을 잡는 것은 이 자극에 대한 반응이에요. 이처럼 우리는 다양한 자극에 적절히 반응하는데, 이는 어떤 과정을 통해 일어날까요?

우리 몸 전체에는 신경계가 퍼져 있어요. 신경계는 눈, 귀, 코, 혀, 피부 등 감각 기관이 받아들인 자극을 전달하고, 전달된 자극을 해석해서 어떻게 행동할지 결정하고, 운동 기관에 그 결정에 따른 명령을 내리죠. 위의 피구 경기 상황을 예로 들면, 감각 기관인 눈이 날아오는 공이라는 자극을 받아들이면 '자극을 전달하는 신경계'는 이 자극을 전달하고, '행동을 결정하는 신경계'는 공을 잡겠다고 결정하고, '명령을 전달하는 신경계'는 공을 잡으라는 명령을 운동 기관으로 전달합니다. 그러면 이 명령대로 운동 기관인 손은 공을 잡게 돼요.

세포 중에서 신경계를 이루는 신경 세포를 **뉴런**이라고 불러요. 신경계는 우리 몸의 통신 시설이기 때문에 뉴런은 전선처럼 길쭉하게 발달했어요. 어떤 뉴런의 길이는 무려 1m나 되지요.

뉴런은 어떻게 구성될까요? 뉴런은 종류마다 모양이 조금씩 다르긴 한데, 신경 세포체와 가지 돌기와 축삭 돌기로 이뤄져요. **신경 세**

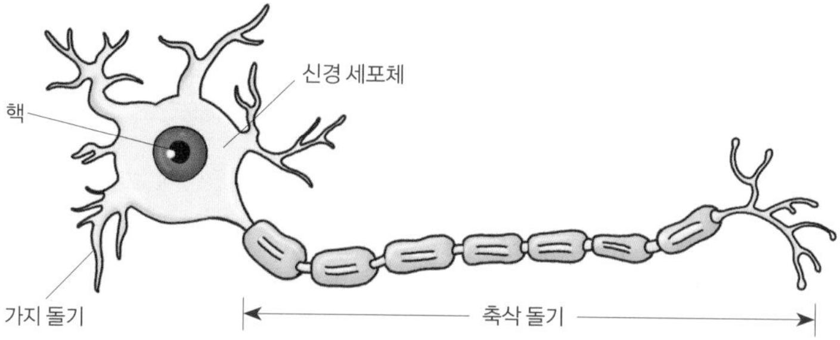

▲ **뉴런의 구조**

포체는 핵과 세포질이 있어서 다른 세포처럼 생명 활동이 일어나요. 그리고 신경 세포체에는 돌기들이 있는데, 짧은 돌기를 가지 돌기, 긴 돌기를 축삭 돌기라고 불러요. **가지 돌기**는 다른 뉴런이나 기관에서 오는 자극을 받아들이고, **축삭 돌기**는 다른 뉴런이나 기관으로 자극을 전달하죠. 뉴런은 어떻게 자극을 전달할까요? 놀라지 마세요. 미세하지만 뉴런으로 전기가 흐른답니다. 뉴런을 전선으로 비유했는데 진짜 전기가 흐르네요.

뉴런은 기능에 따라 감각 뉴런, 연합 뉴런, 운동 뉴런으로 나눠요. **감각 뉴런**은 감각 기관과 내장 기관에서 받아들인 자극을 연합 뉴런으로 보내주고, **연합 뉴런**은 자극을 종합하고 분석해 운동 뉴런으로 적절한 명령을 내려요. 그러면 **운동 뉴런**이 연합 뉴런의 명령을 반응 기관으로 전달해, 우리 몸에서 반응이 일어나게 됩니다. 감

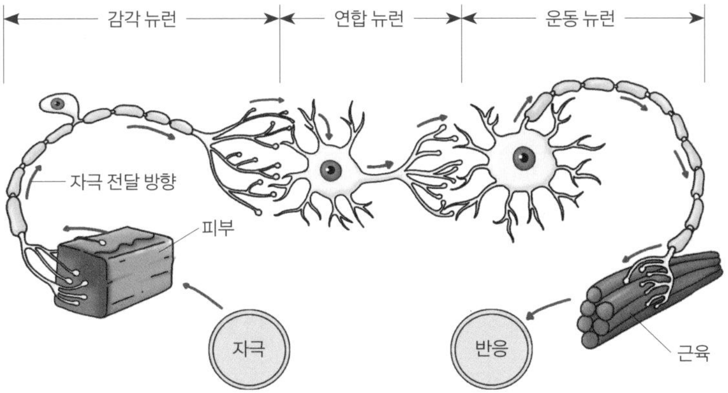

▲ 뉴런의 종류와 자극의 전달

각 뉴런은 앞서 나온 시각 신경, 청각 신경 등 감각 신경을 이루고, 연합 뉴런은 우리 몸의 뇌와 척수를 이루며, 운동 뉴런은 운동 신경을 이뤄요.

자극에 대한 반응이 일어날 때 각 뉴런이 어떤 역할을 하는지 알아보기 위해, '칠판의 글씨를 보고 노트에 필기하는 행동'을 예로 들어볼게요. 칠판에 쓰인 글씨를 보는 것은 시각이에요. 감각 기관인 눈이 칠판의 글씨를 시각 자극으로 받아들이면, 시각 세포에서 만들어진 전기 신호는 감각 뉴런인 시각 신경을 통해 뇌연합 뉴런로 전달되죠. 뇌는 이 정보를 받아 판단하고, 필기를 하라고 운동 뉴런을 통해 명령을 내려요. 그러면 운동 뉴런으로부터 명령을 전달받은 손의 근육이 이리저리 수축과 이완을 하면서 글씨를 쓰게 되는 거예요.

이번에는 뉴런들로 이뤄진 신경계를 알아볼게요. 우리 몸의 신경계는 중추 신경계와 말초 신경계로 나눠요. 연합 뉴런은 뇌와 척수를 이룬다고 했지요? 이 뇌와 척수가 중추 신경계예요. 즉, **중추 신경계**는 감각 신경을 통해 들어온 자극을 종합하고 분석해 적절한 명령을 내리죠. **말초 신경계**는 중추 신경계에서 뻗어 나와 온몸에 구석구석 퍼져 있는 신경계로, 온몸에서 받아들인 자극을 중추 신경계로 전달하고, 중추 신경계의 명령을 온몸으로 전달해요.

판단하고 명령하는 중추 신경계

중추 신경계는 **뇌**와 **척수**로 구성돼요. 뇌는 머리뼈 안에서 보호되고, 척수는 척추뼈 안에서 보호되지요. 뇌는 기능에 따라 대뇌 · 소뇌 · 간뇌 · 중간뇌 · 연수 등으로 나눠요. 대뇌는 뇌에서 많은 부분을 차지하며, 소뇌는 뒤통수에 위치하고, 간뇌는 대뇌의 아래쪽과 중간뇌 사이에 위치해요. 그리고 중간뇌와 연수는 척수와 연결되어 있어요. 그럼 뇌의 각 부분과 척수의 주요 기능은 무엇인지 알아볼게요.

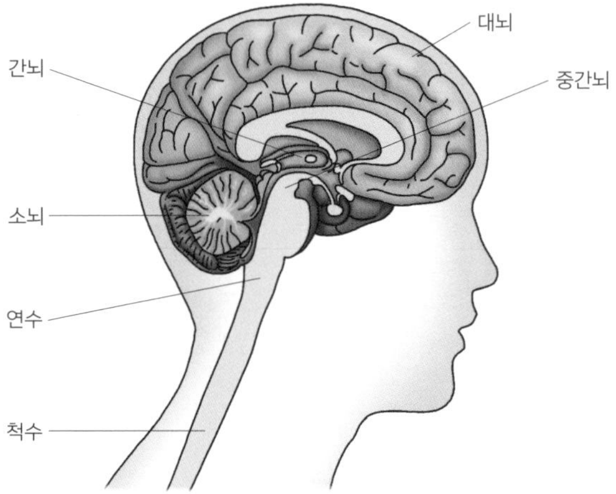

▲ 중추 신경계의 구조

우리가 의식하는 정신 활동 담당: 대뇌

대뇌는 좌반구와 우반구로 나뉘어 있어요. 몸의 왼쪽 부위는 우반구에서, 몸의 오른쪽 부위는 좌반구에서 담당하지요. 대뇌는 기능에 따라 다시 세분화하지만, 지금은 대뇌의 전체적인 기능을 이야기할 게요.

대뇌의 기능은 여러분이 게임할 때를 떠올리면 이해가 쉬울 거예요. 게임을 할 때 맵을 알고 하나요, 그냥 하나요? 게임에서 이기려면 당연히 맵의 내용을 이해하고 외워야 해요. 상대방이 어떤 전략을 들고 나올지 추리도 해야 하죠. 이처럼 학습, 기억, 추리 등의 고등 정신 활동은 대뇌에서 이뤄져요. 그리고 게임을 할 땐 캐릭터의 움직임을 보고 키보드와 마우스를 눌러요. 대뇌는 감각 기관에서 받아들인 자극을 분석·판단하고 근육 운동도 명령하는 거죠. 그러니까 대뇌에서는 우리가 의식하는 모든 정신 활동이 이뤄진답니다.

근육 운동 조절과 균형 유지 담당: 소뇌

소뇌의 기능을 이해하려면 술 취한 사람을 생각하면 쉬워요. 취한 사람은 몸의 균형을 잡지 못하고 흔들거리면서 걷잖아요. 소뇌는 근육의 운동을 조절하고 몸의 균형을 유지해줘요. 아슬아슬한 평균대 위에서도 균형을 잘 잡는 체조 선수들은 소뇌가 발달되었을 거예요.

안구 운동과 홍채 조절 담당: 중간뇌

중간뇌는 눈과 관련돼요. 자고 있는 사람의 눈을 가만히 보면, 감겨 있는 눈꺼풀 아래에서 안구눈알가 움직이는 것을 볼 수 있어요. 의식하지 않지만 안구가 움직이는 거예요. 이는 중간뇌가 안구 운동을 조절하기 때문이에요.

앞서 홍채의 크기를 조절해 동공으로 들어오는 빛의 양을 조절한다고 배웠죠? 이 역시 중간뇌가 홍채의 크기를 조절하는 거예요. 드라마에서는 의사가 의식이 없는 사람의 눈꺼풀을 열고 빛을 비추는 장면

이 나오기도 하는데요. 이는 무엇을 알아보기 위한 행동일까요? 맞아요. 빛의 양에 따라 홍채의 크기가 조절되는지 확인하는 거예요. 의식이 없어도 홍채가 정상적으로 움직인다면 중간뇌는 살아 있다는 증거거든요. 만약 홍채의 반응이 일어나지 않으면 중간뇌가 정상적으로 작동하지 않는다는 의미죠. 그런데 중간뇌에 문제가 생기면 연수도 이상이 있을 가능성이 높아, 생명이 위험하다는 것을 알 수 있어요.

항상성 조절 담당: 간뇌

간뇌는 항상성을 조절하는 중추로, 우리 몸의 항상성 유지에 중요한 역할을 해요. 항상성은 체온·혈당량혈액 속에 녹아 있는 포도당의 농도·삼투압 등 몸의 상태를 일정하게 유지하려는 성질이죠. 항상성 유지를 위한 간뇌의 작용은 뒤에서 더 설명할게요.

소화·순환·호흡 조절 담당: 연수

음식을 먹으면 소화가 되고, 달리기를 하면 심장이 빨리 뛰어요. 우리가 의식하지 않아도 소화액 분비, 심장 박동이 조절되는 거예요. 그런데 만약 소화가 내 의지대로 이뤄진다면, 깜박해서 소화를 시키지 못하는 상황이 올 수도 있겠죠? 그래서 소화, 순환, 호흡 등의 작용은 대뇌가 아닌 다른 뇌에서 조절해요. 이 기능을 맡은 곳이 바로 연수예요. 따라서 연수의 주요 기능을 이해할 때는 내장 기관을 떠올리면 돼요.

뇌와 말초 신경의 연결 통로: 척수

척수는 척추뼈의 맨 윗부분인 목뼈부터 맨 아랫부분인 꼬리뼈까지 길게 뻗어 있어요. 척수는 뇌와 말초 신경을 연결해주는 통로이며, 무조건 반사라는 중요한 일을 한답니다.

앞서 뜨거운 그릇에 손이 닿으면 자신이 의식하기도 전에 손이 저절로 떨어지는 반응을 이야기했지요? 이는 척수에서 명령을 내려 일어나는 무의식적인 반응이에요. 이처럼 짧은 시간에 무의식적으로 일어나는 반응을 **무조건 반사**라고 해요.*

함께 생각해요!

* **무조건 반사와는 다른 '조건 반사':** 여러분, 지금 노란 레몬을 떠올려보세요. 입에 침이 고이나요? 이런 반응을 '조건 반사'라고 해요. 조건 반사는 러시아의 생리학자 이반 파블로프가 개의 반응을 실험해 발견했어요. 개에게 밥을 줄 때마다 종을 쳤더니, 나중에는 종만 쳐도 개의 입에서 침이 나왔다고 해요. 반복되는 상황이 대뇌에 기억된 거죠. 이처럼 조건 반사는 학습에 의해 일어나는 반응이에요. 그래서 레몬의 맛을 전혀 모르는 아이는 레몬을 생각해도 침이 고이지 않아요.

무조건 반사에 대해서는 잠시 후 자세히 알아볼 테지만, 여기서 잠깐 앞의 반응이 일어나는 과정을 살펴볼게요. 먼저, 손이 뜨거운 그릇에 닿자 손의 통점에서 전기 신호를 만들어 감각 뉴런을 통해 연합 뉴런으로 전달해요. 그런데 이때 전기 신호가 뇌로 보내지기 전에 척수로 먼저 전달됩니다. 그러면 척수는 운동 뉴런을 통해 전기 신호를 손에 보내고, 손의 근육이 수축하면서 뜨거운 그릇으로부터 떨어지는 거예요. 참고로, 이때 우리는 무의식적으로 손을 뗀 후에야 뜨거운 그릇에 닿았다는 것을 깨닫게 돼요.

온몸에 퍼져 있는 말초 신경계

모두 잠든 밤, 혼자 거실에 앉아 공포 영화를 보고 있어요. 그때 갑자기 영화에서 무서운 장면이 확 나타나면 어떨까요? 심장이 쿵 하고 내려앉는 느낌일 거예요. 주인공이 귀신에게서 도망칠 때는 입에서 침이 마르고 심장은 점점 빨리 뛰죠. 놀라거나 긴장할 때 나타나는 이런 반응들은 어떤 과정을 통해 일어날까요?

중추 신경계는 온몸에서 받아들인 정보를 분석하고 판단해 몸의 각 부분에 명령을 내려요. 그리고 말초 신경계는 중추 신경계인 뇌와 척수에서 뻗어 나와, 중추 신경계와 온몸을 연결해요. 말초 신경계는 중추 신경계로 들어오는 신경구심성 신경과 중추 신경계에서 나가는 신경원심성 신경으로 나눠요. 온몸에 퍼져 있는 신경계인 만큼 말초 신경계는 여러 종류의 신경으로 세분되지요. 하지만 아래 모식도를 보면서 차근차근 이해하면 어렵지 않답니다.

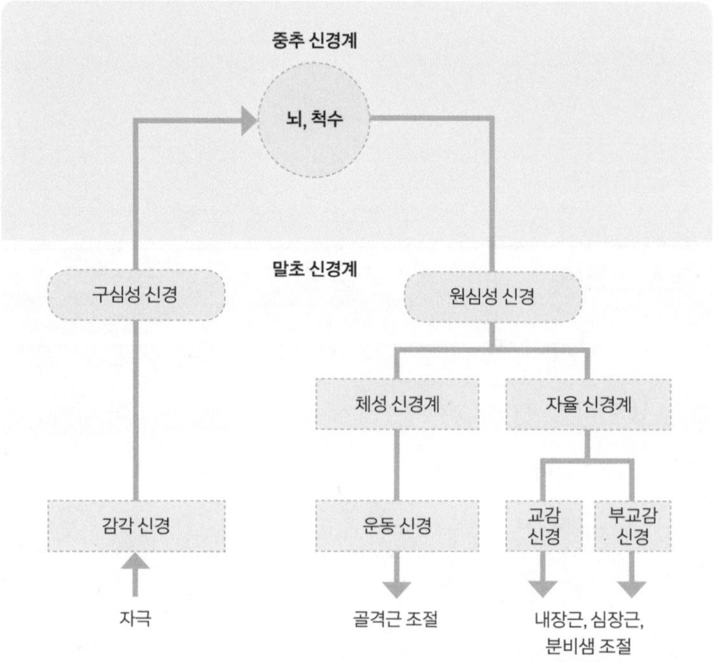

▲ 말초 신경계의 구성

먼저 구심성 신경과 원심성 신경부터 볼게요. 구심성은 '가져온다'는 뜻으로, 중추 신경계를 기준으로 자극 정보를 가져와요. 감각 기관과 내장 기관에서 받아들인 자극을 중추 신경계로 전달하는 감각 신경이 **구심성 신경**이에요. 원심성은 '내보낸다'는 뜻으로, 중추 신경의 명령을 근육이나 분비샘 등으로 전달해요. **원심성 신경**은 다시 체성 신경계와 자율 신경계로 나눠요. 그중 체성 신경계는 주로 우리가 의식하는 운동 신경이에요. 그리고 자율 신경계는 우리가 의식하지 못하는 작용을 해요.

우리가 의식적으로 하는 운동을 **수의 운동**이라고 하는데, 의지에 따른 운동이라는 뜻이에요. 수의 운동은 대뇌의 지배를 받아요. 필기하기나 팔굽혀펴기 등의 움직임은 모두 대뇌가 체성 신경계의 운동 신경으로 명령하죠. 반면, 자율 신경계는 대뇌의 지배를 받지 않아요. 그래서 의식할 수 없는 **불수의 운동**을 조절해요. 자율 신경계는 위, 소장, 심장, 폐, 방광 등에 연결되어 소화, 순환, 호흡, 배설 등 생명 활동에 관련된 기능을 자율적으로 조절하죠.

조금 전에 소화를 내 의지대로 하면 어떤 일이 일어날지 이야기했죠? 마찬가지로 심장 박동을 내 의지대로 조절한다면 큰 문제가 생길 수 있어요. 자는 동안 심장 박동을 깜박할 수 있잖아요. 그래서 생명 유지에 중요한 활동은 자동화시키고, 자율 신경계를 통해 조절해요. 우리 몸의 기능은 참 신비하지요?

자율 신경계는 교감 신경과 부교감 신경으로 나눠요. 교감 신경과 부교감 신경은 같은 내장 기관에 연결되어 서로 반대되는 일을 합니다. **교감 신경**은 놀라거나 예상외의 상황이 닥쳤을 때 활성화되고, **부교감 신경**은 안정된 상황에서 활성화돼요.

예를 들어볼게요. 교감 신경은 수업 시작 후에야 이번 시간에 수행 평가를 한다는 사실이 생각났을 때를 떠올리면 되고, 부교감 신경은 점심 급식 후 느슨해진 5교시 수업 시간을 떠올리면 돼요. 이때 심장 박동은 각각 어떻게 변할까요? 수행 평가가 있다는 것을 알았을 때는 심장 박동이 엄청 빨라지겠죠? 반대로 급식 후 5교시 수업 시간에는 심장 박동이 점점 느려지고 잠이 쏟아져요. 또 다른 예도 있어요. 흔히 거짓말을 하면 동공이 커진다고 하는데, '혹시 들키진 않을까?' 하는 긴장감 때문에 교감 신경이 작동되는 거예요. 다음 표에서 교감 신경과 부교감 신경의 기능을 확인해보세요.

활성화되는 신경	동공	심장 박동	호흡 운동	소화관 운동	방광
교감 신경	확대	촉진	촉진	억제	확장
부교감 신경	축소	억제	억제	촉진	수축

▲ 교감 신경과 부교감 신경의 기능

의식적인 반응 vs 무조건 반사

눈으로 책을 읽는 것은 자신의 의지대로 일어나는 반응이에요. 반면, 파리가 눈앞에 나타났을 때 눈이 저절로 감기는 것은 의지와 관계없이 일어나는 반응이죠. 전자처럼 대뇌의 판단에 따라 의식적으로 일어나는 반응을 **의식적인 반응**이라고 해요. 그리고 후자처럼 대뇌의 판단을 거치지 않고 무의식적으로 일어나는 반응을 **무조건 반사**라고 해요. 무조건 반사는 매우 빠르게 일어나므로, 갑자기 발생하는 위험으로부터 우리 몸을 보호하는 데 중요한 역할을 하지요.

그렇다면 의식적인 반응과 무조건 반사가 일어나는 경로는 어떻게 다를까요? 간단한 실험으로 알아볼게요. A라는 사람은 눈을 감은 채 책상에 편안하게 앉아 있고, B라는 사람은 고무망치로 A의 무릎뼈 바로 아래를 치는 상황이에요. 이때 A는 고무망치가 느껴지면 손을 듭니다. 자, 그럼 실험을 시작해볼까요?

B가 A의 무릎뼈 바로 아래를 치면 A에게서는 두 가지 반응이 일어나요. 하나는 고무망치로 친 무릎 아래쪽 다리가 저절로 올라가는 것이고, 또 하나는 고무망치를 느낀 후 손을 드는 것이죠. 그런데 두 반응 중에서 다리가 저절로 올라가는 반응은 A가 의식하지 못하고, 손을 드는 반응보다 빠르게 일어나요. 즉, 무조건 반사는 의식적인 반응보다 빠르게 일어납니다. 이 실험에서 무조건 반사의 중추는 척수예요. 이때 의식적인 반응과 무조건 반사가 일어나는 경로는 다음과 같기에, 두 경로를 비교해보면 반응 속도의 차이가 왜 일어나는지 알 수 있어요.

- **무조건 반사**: 자극 → 감각 신경 → 척수 → 운동 신경 → 반응
- **의식적인 반응**: 자극 → 감각 신경 → 척수 → 대뇌 → 척수 → 운동 신경 → 반응

무조건 반사의 중추로는 척수 외에 연수와 중간뇌도 있어요. 재채기나 딸꾹질은 연수가 반응의 중추이고, 빛의 밝기에 따라 홍채의 크기가 조절되어 동공의 크기가 변하는 반응은 중간뇌가 반응의 중추랍니다.

우리 몸의 기능을 조절하는 또 하나의 방법, 호르몬

지금까지 신경계가 우리 몸의 기능을 조절하는 과정을 배웠어요. 신경계 외에도 몸의 기능을 조절하는 방법이 있는데, 호르몬을 분비하는 거예요. 예를 들어, 당뇨병 환자는 혈당량이 높아서 인슐린 주사를 처방받아요. 인슐린은 혈당량을 낮추는 호르몬이거든요. 그렇다면 호르몬은 무엇이며, 우리 몸에서 어떤 작용을 할까요? 또한 신경계와 호르몬의 특징은 어떤 차이가 있을까요?

적은 양으로도 큰 효과를: 호르몬의 특징들

호르몬은 각종 생리 작용을 조절하는 화학 물질로, 내분비샘에서 만들어져 혈관으로 분비돼요. 인슐린을 만들어 분비하는 이자, 생장 호르몬을 만들어 분비하는 뇌하수체 등이 내분비샘의 예죠.

혈관으로 분비된 호르몬은 혈액을 따라 온몸을 돌다가 특정 세포나 특정 기관에만 작용하는데, 이때 호르몬이 작용하는 세포나 기관을 각각 **표적 세포**, **표적 기관**이라고 해요. 조금 전에 말한 인슐린을 다시 예로 들면, 이자에서 인슐린이 분비되면 간에서는 그 영향으로 포도당을 글리코젠으로 합성하는 작용이 촉진되며, 따라서 혈당량이 줄어들어요. 즉, 인슐린은 간에 작용하므로 간은 인슐린의 표적 기관이에요.

호르몬은 적은 양으로도 큰 효과를 내며, 항상 적당량이 필요하답니다. 만약 호르몬의 분비량이 부족하거나 많으면 결핍증이나 과다증을 유발해요. 생장 호르몬은 뼈와 연골의 생장을 촉진해 여러분의 키를 크게 하죠. 그럼 키가 크는 호르몬이니 무조건 많이 분비되면 좋을까요?

생장 호르몬을 분비하는 뇌하수체에 문제가 생겨 생장 호르몬이 과다 분비되면 **거인증**을 유발해요. 세계에서 가장 큰 키로 기네스북에 올랐던 로버트 워들로라는 사람은 생장 호르몬이 과다 분비되어 22세에 키가 2.7m나 됐다고 하네요. 문제는 이것만이 아니에요. 어른이 되어서도 생장 호르몬이 너무 많이 분비되면 **말단 비대증**으로 얼굴의 광대뼈와 턱, 손, 발의 뼈가 계속 자라게 돼요. 반대로 생장 호르몬이 결핍되면 키가 매우 작은 **소인증**이 됩니다.

신경계 vs 호르몬

우리 몸의 기능은 신경계와 호르몬의 작용으로 조절되는데요. 그렇다면 이 두 작용은 어떤 차이가 있을까요?

우선 신호가 무엇을 통해 전달되는지 보면, 신경계는 뉴런을 통해, 호르몬은 혈액을 따라 이동하면서 신호가 전달돼요.

다음으로 신호를 전달하는 속도를 비교해볼게요. 신경은 전달 속도가 매우 빨라요. '발가락을 움직여야지.' 생각하는 순간, 벌써 발가락이 움직이죠. 신경의 전달 속도는 2.5m/s 정도로, 우리 키가 2m 안쪽이니 1초 안에 모든 명령이 수행돼요. 그에 비해 호르몬은 내분비샘에서 분비된 후 혈액을 따라 이동하다가 작용하므로, 신경에 비해 신호를 전달하는 속도가 느려요.

신경과 호르몬의 작용 범위도 알아볼게요. 우리가 엄지손가락을 구부리려고 하면, 엄지손가락만 구부러져요. 이처럼 신경은 좁은 범위에 작용하는 데 반해, 호르몬은 혈관으로 분비되기 때문에 넓은 범위에 영향을 미칠 수 있어요. 우리 몸이 자라려면 온몸의 뼈와 근육을 자라게 해야 하니 신경이 아니라 호르몬으로 조절하는 것이 더 효율적이죠.

한편 신경의 작용 효과는 매우 짧아서 일시적이에요. 앞서 말했듯이, 고무망치로 무릎뼈 바로 아래를 치면 무릎 아래쪽 다리가 저절로 올라가지요? 이를 떠올리면 이해가 쉽겠네요. 하지만 호르몬의 효과는 혈액에 있는 동안 지속적으로 작용해요. 식사 후에 높아진 혈당량을 낮출 때는 그 효과가 지속적으로 작용해야 하니 신경보다는 호르몬으로 조절하는 것이 더 효율적이에요.

우리 몸의 대표적인 호르몬들

우리 몸에서 분비되는 호르몬의 종류는 많아요. 그중에서 몇 가지만 살펴볼게요.

여러분, 우리 몸의 항상성을 조절하는 중추는 어디죠? 맞아요. 간뇌예요. 간뇌에서 우리 눈 아랫부분을 **시상 하부**라고 하는데, 그 끝에 작은 콩알처럼 **뇌하수체**가 달려 있어요. 뇌하수체는 두 부분으로 나뉘어 앞쪽을 전엽, 뒤쪽을 후엽이라고 해요. 뇌하수체 전엽에서는 **생장 호르몬**과 **갑상샘 자극 호르몬**이, 후엽에서는 **항이뇨 호르몬**이 분비되죠. 생장 호르몬은 몸의 생장을 촉진시킨다고 했지요? 그리고 갑상샘 자극 호르몬은 말 그대로 갑상샘을 자극해 갑상샘 호르몬인 티록신의 분비를 촉진하는 호르몬이에요. 그렇다면 항이뇨 호르몬의 기능은 무엇일까요? 항이뇨 호르몬의 항抗은 '저항한다'는 뜻이고 이뇨利尿는 '오줌을 잘 나오게 한다'는 뜻이니, 합치면 '오줌이 잘 나오는 것에 저항한다'는 뜻이 돼요. 즉, 수분 손실을 줄이기 위해

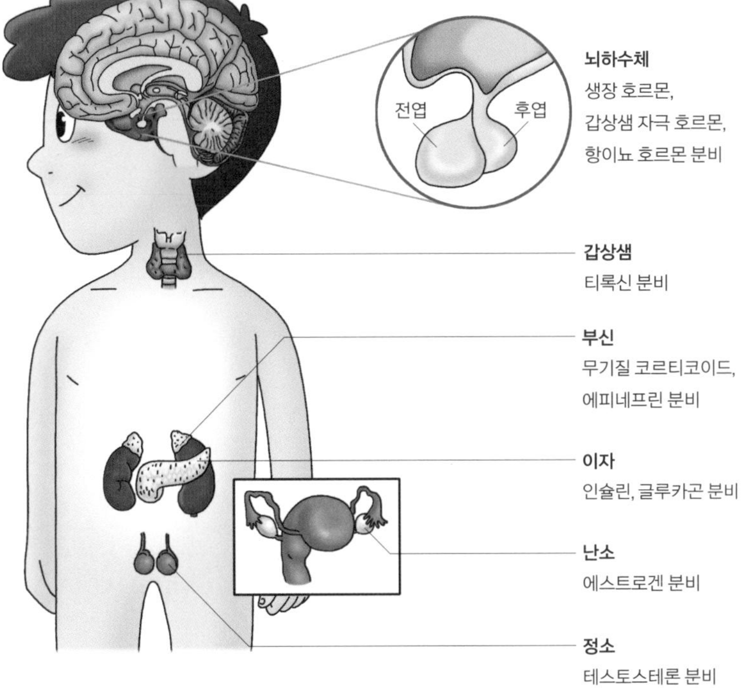

▲ 내분비샘과 호르몬의 종류

콩팥에서 수분 재흡수를 촉진시키는 호르몬이에요.

다음으로 목 부분에는 나비넥타이 모양의 갑상샘이 있는데, 갑상샘에서는 **티록신**이라는 호르몬을 분비해요. 티록신의 기능은 세포 호흡 같은 물질대사를 촉진하는 거예요.

여러분, 소화 단원에서 배웠던 이자를 기억하나요? 이자는 3대 영양소를 분해하는 소화 효소를 분비하는 것뿐만 아니라 호르몬도 분비해요. 이자에는 알파 세포α세포와 베타 세포β세포가 있는데, 여기서 각각 **글루카곤**과 **인슐린**을 만들어요. 글루카곤은 혈당량을 증가시키는 호르몬이고, 인슐린은 혈당량을 감소시키는 호르몬이에요.

부신은 콩팥 위에 있는 내분비샘인데, 마치 콩팥이 모자를 쓴 것 같은 모습이에요. 부신에서는 **무기질 코르티코이드**와 **에피네프린**아드레날린 등을 분비해요. 무기질 코르티코이드는 콩팥에서 나트륨 이온이 재흡수되는 것을 촉진하고, 에피네프린은 혈당량을 증가시키며 심장 박동을 촉진하고 혈압을 상승시키죠.

그리고 남성의 정소는 남성 호르몬인 **테스토스테론**을, 여성의 난소는 여성 호르몬인 **에스트로겐**에스트로젠을 분비해요. 두 성호르몬은 남녀에 따라 구별되어 나타나는 2차 성징을 발현하는 기능을 해요.

너무 적어도, 너무 많아도 안 되는 호르몬

우리는 방금 호르몬의 특징 중 결핍증과 과다증을 배웠어요. 생장 호르몬이 너무 적게 분비되면 소인증, 생장 호르몬이 너무 많이 분비되면 거인증이나 말단 비대증을 일으킨다고 했죠. 호르몬이 너무 적게, 또는 너무 많이 분비되어 생기는 질병에는 또 어떤 게 있을까요?

가장 대표적으로 **당뇨병**이 있어요. 혈당량을 낮추는 인슐린이 결핍되면 혈당량이 높게 유지되고, 콩팥에서 재흡수가 충분히 이뤄지지 못해 오줌으로 포도당이 나가는 당뇨병이 생기죠. 당뇨병에 걸리면 피로감과 갈증을 많이 느끼고 몸무게가 감소해요.

갑상샘에서 분비되는 티록신도 너무 많거나 적으면 질병을 일으켜요. 먼저, 티록신이 너무 많이 분비되는 **갑상샘 기능 항진증**이 있어요. 이 병은 안구가 돌출되는 특징이 있고, 세포 호흡이 촉진되어 기초 대사율이 높아 몸무게가 줄어요. 심장이 빨리 뛰니 항상 불안하고 감정의 변화가 심해지는 특징도 있죠. 반대로, 티록신이 너무 적게 분비되는 **갑상샘 기능 저하증**도 있어요. 이 병에 걸리면 세포 호흡이 억제되어 몸무게가 증가하고, 추위를 많이 타요. 특히 태아기에 갑상샘 기능 저하증에 걸리면 지능 저하나 성장 장애 등을 일으키는 **크레틴병**이 생겨요. 이는 생장에 영향을 많이 미치므로 빨리 호르몬 치료를 해야 합니다.

신경계와 호르몬의 작용으로 유지되는 항상성

꼬르륵. 분명히 저녁을 먹었는데도 학원에

다녀오거나 야간 학습을 하고 나면 배가 고파요. 밤 9시, 결국 유혹을 이겨내지 못하고 라면을 끓이죠. 이왕 먹는 거, 냉장고에서 달걀, 햄, 만두를 꺼내 라면에 넣어요. 역시 라면은 자기 전에 먹는 것이 최고라니까요! 그러나 이 즐거움은 아침에 거울 속 퉁퉁 부은 얼굴을 보면서 산산이 무너져요. 하긴 물만 마셔도 살이 찌는 체질인데 라면까지 먹었으니…. 다신 야식을 안 먹겠다며 다짐해봅니다. 그런데 물만 마셔도 살이 찌는 게 정말 가능할까요?

위의 상황은 항상성 유지와 관련이 있어요. **항상성**은 우리 몸의 환경이 변해도 몸의 상태를 일정하게 유지하려는 성질이죠. 우리 몸에서는 크게 세 가지 항상성 유지가 나타나요.

첫째, 삼투압 유지예요. 삼투압은 앞서 배운 삼투 현상에 의해 나타나는 압력으로, 간단히 말하면 우리 몸의 소금 농도정확하게는 나트륨 이온 농도라고 이해해도 된답니다. 그러니까 삼투압 유지는 우리 몸의 물과 소금의 양을 일정하게 유지하는 거예요. 둘째, 체온 유지예요. 우리 몸의 수많은 효소와 호르몬이 활발하게 작용하기 위해서는 체온을 36.5℃ 정도로 유지해야 해요. 셋째, 혈당량 유지예요. 우리는 생명 활동을 하기 위해 에너지가 필요하고, 그것을 만드는 데 사용되는 주 영양소는 포도당이에요. 따라서 온몸의 세포에서 항상 포도당을 사용하기 위해서는 혈액 속에 녹아 있는 포도당의 농도, 즉 혈당량이 일정하게 유지되어야 하죠.

항상성을 유지하기 위해 어떤 신경과 호르몬이 작용하고, 또한 항상성은 어떻게 유지되는지 자세히 살펴보도록 해요.

물만 마셔도 살이 찐다고?: 삼투압 유지

우리 몸의 소금 농도는 0.9퍼센트예요. 그런데 라면을 하나 끓여서 국물까지 마신다면 하루 소금 섭취량의 90퍼센트를 먹는 거라고 해요. 하루에 다른 음식도 먹으니 소금을 과도하게 섭취한 거죠. 이때 우리 몸의 삼투압은 어떻게 될까요? 소금의 양이 많으니 삼투압은 올라가게 됩니다. 그럼 몸의 삼투압을 정상으로 돌아오게 하기 위해, 즉 항상성을 유지하기 위해 우리 몸에서는 어떤 작용이 일어날까요?

삼투압이 높을 때는 몸에서 수분을 내보내면 안 돼요. 다시 말하면, 오줌을 적게 만들어야 하죠. 뇌하수체에서 만드는 항이뇨 호르몬은 콩팥에서 수분을 재흡수하는 기능이 있어요. 그렇다면 항이뇨 호르몬의 분비량을 어떻게 해야 할까요? 맞아요. 분비를 증가시켜, 오줌으로 수분이 빠져나가지 못하도록 콩팥에서의 재흡수를 촉진해야 해요. 또한 몸속의 소금 양이 증가했으므로, 과도한 소금을 몸 밖으로 내보내야 해요. 소금나트륨 이온을 재흡수하는 호르몬은 부신에서 분비되는 무기질 코르티코이드예요. 그렇다면 이 호르몬의 분비량을 어떻게 해야 할까요? 그래요. 무기질 코르티코이드의 분비를 줄여야 해요. 콩팥에서의 소금 재흡수를 억제하는 거죠. 그러면 오줌으로 소금이 나가게 돼요. 따라서 수분의 양은 적어지고 소금의 양은 많아지니 오줌의 농도는 높아지겠네요.

여기서 "물만 마셔도 살찌는 체질이다"라는 말을 생각해볼게요. 라면을 먹고 잤을 때는 오줌으로 소금을 내보냈어야 하는데, 잠을 자느라 소금을 내보내지 못했어요. 그러므로 물을 더욱더 재흡수해 세포가 물을 가득 머금고 있기에 아침에 얼굴이 퉁퉁 붓는 거예요. 평소 음식을 짜게 먹으면 우리 몸이 높은 삼투압을 유지해요. 그러면 물을 마셔도 밖으로 내보내지 않으므로 몸무게가 증가된 상태로 유지되죠. 물만 마셔도 살찐다는 말은 어느 정도는 과학적이군요.

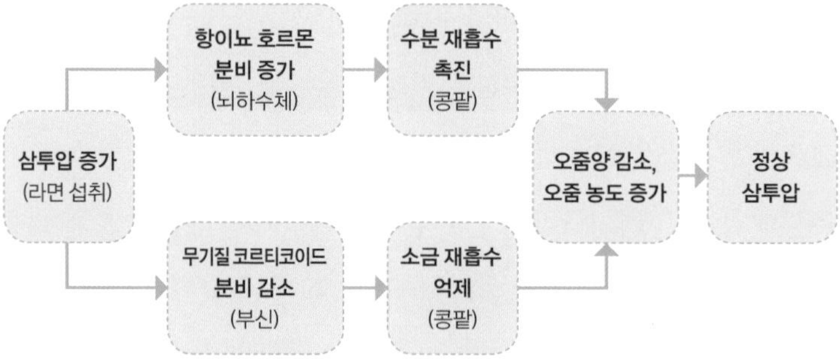

▲ 삼투압이 증가했을 때의 항상성 유지

이번에는 반대 과정을 생각해볼게요. 수분이 많은 과일인 수박을 많이 먹으면 우리 몸의 삼투압은 낮아지겠죠? 따라서 수분을 내보내고, 소금은 내보내지 말아야 해요. 이때 뇌하수체에서는 항이뇨 호르몬의 분비를 감소시켜 콩팥에서의 수분 재흡수를 억제하고, 부신에서는 무기질 코르티코이드의 분비를 증가시켜 콩팥에서의 소금 재흡수를 촉진해요. 따라서 수분의 양은 많아지고 소금의 양은 적어지니 묽은 오줌을 만들겠네요.

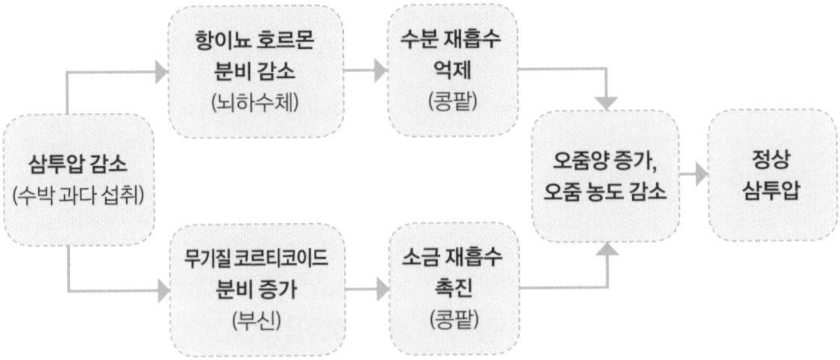

▲ 삼투압이 감소했을 때의 항상성 유지

더우면 왜 땀이 많이 날까?: 체온 유지

더운 여름날 체육 활동을 하고 나면 얼굴이 벌겋게 달아올라요. 반대로, 추운 겨울날 밖에 나가면 얼굴색이 허옇게 변하고 소름이 돋기도 하죠. 이런 몸의 변화는 체온을 36.5℃로 유지하기 위한 작용이에요. 그럼 체온 조절은 어떻게 일어날까요?

먼저 추울 때를 생각해볼게요. 낮아지는 체온을 올리기 위해서는 두 가지 일을 해야 해요. 첫째로 몸에서 열 생산을 늘리고, 둘째로 몸에서 열 방출을 줄여야 하죠.

열 생산을 늘리기 위해서는 세포 호흡을 늘려야 해요. 에너지를 얻는 세포 호흡으로 열이 발생하거든요. 이 세포 호흡을 촉진하는 호르몬은 티록신이에요. 그러므로 저온 자극을 받으면 먼저 뇌하수체에서 갑상샘 자극 호르몬의 분비가 증가되고, 이에 자극받은 갑상샘에서 티록신 분비가 증가돼요. 이 외에도 추우면 몸이 덜덜 떨리는데, 의도적으로 근육을 움직여 열을 발생시키는 거죠.

몸에서 빠져나가는 열을 줄이기 위해서는 어떤 작용이 일어나야 할까요? 열은 주로 공기와 접촉한 피부로 방출되므로, 피부 근처의 혈관을 수축해 피부 근처로 흐르는 혈액량을 줄이면 돼요. 혈액을 몸 안쪽으로 흐르게 해서 열 손실을 줄이는 겁니다. 이로 인해 얼굴색이 허옇게 변해요. 그리고 여러분은 추울 때 몸을 웅크리나요, 몸을 펴나요? 당연히 공기와 접촉하는 표면적을 줄이기 위해 몸을 웅크려요. 소름은 피부의 표면적을 줄이기 위해 생기는 거예요. 그리고 땀 분비를 억제해 체온을 빼앗기지 않도록 해요. 단, 혈관 수축, 소름, 근육 떨림, 땀 분비 억제는 호르몬이 아니라 신경 작용의 결과예요.

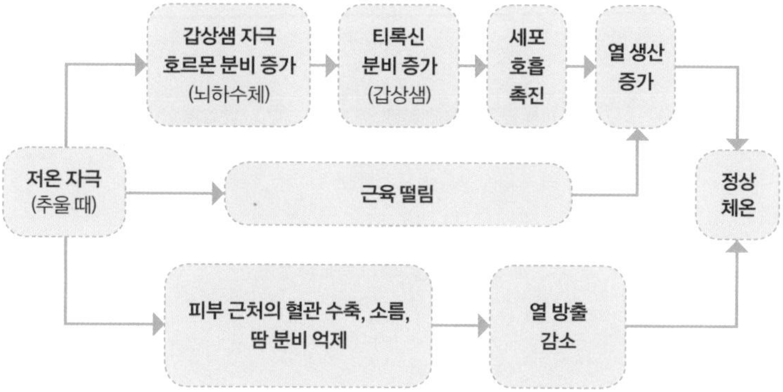

▲ 저온 자극일 때의 항상성 유지

반대로 더울 때는 어떨까요? 열 생산을 줄이고, 열 방출을 늘려야 해요. 이를 위해 먼저 뇌하수체에서 갑상샘 자극 호르몬의 분비를 줄여요. 그러면 갑상샘에서 티록신의 분비를 줄여서 세포 호흡을 억제하므로, 그만큼 열 발생이 줄겠죠?

또한 피부 근처의 혈관을 확장함으로써 열 방출을 늘려요. 덕분에 얼굴은 벌겋게 달아오르겠지만요. 물론 땀을 많이 내서 열을 식히기도 하고요.

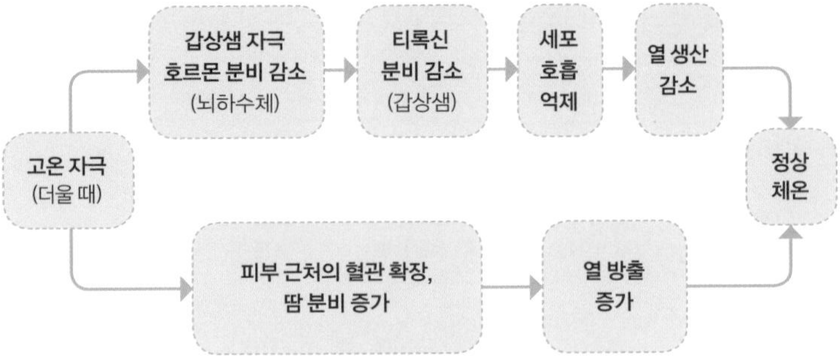

▲ 고온 자극일 때의 항상성 유지

시험 날에는 아침밥을 꼭 먹으라고?: 혈당량 유지

여러분, 시험을 잘 보고 싶다면 시험 날 아침에는 밥을 꼭 먹으라는 말을 들어봤나요? 이 말은 과연 과학적일까요? 복잡한 수학 문제를 풀 때, 그러니까 고등 정신 활동을 할 때는 몸이 서 있을 때와 같은 에너지를 쓴다고 해요. 머리를 쓰면 쓸수록 에너지를 많이 소비하죠. 그런데 식사를 거르게 되면 어떻게 될까요?

보통 혈액 100ml 속에는 포도당 0.1g이 녹아 있어요. 즉, 혈당량의 농도는 0.1퍼센트예요. 혈당량은 농도가 너무 높으면 오줌으로 빠져나가는 당뇨병이 생기고, 너무 낮으면 세포에서 에너지를 충분히 얻지 못해요. 그래서 혈당량을 항상 일정하게 유지할 필요가 있죠. 혈당량은 이자에서 분비되는 인슐린과 글루카곤에 의해 조절되는데, 인슐린은 혈당량을 낮추고, 글루카곤은 혈당량을 높여요. 이제 혈당량 유지 과정을 살펴볼게요.

우리는 식사를 통해 많은 탄수화물을 섭취해요. 탄수화물은 우리 몸에서 포도당으로 소화·흡수되므로 식사 후에는 혈당량이 급격하게 증가합니다. 그러면 인슐린이 분비돼요. 인슐린은 포도당이 세포에 흡수되는 작용을 촉진하고, 간에서 포도당을 글리코젠으로 합성하는 작용을 촉진함으로써 혈액 속의 포도당을 줄여주죠.

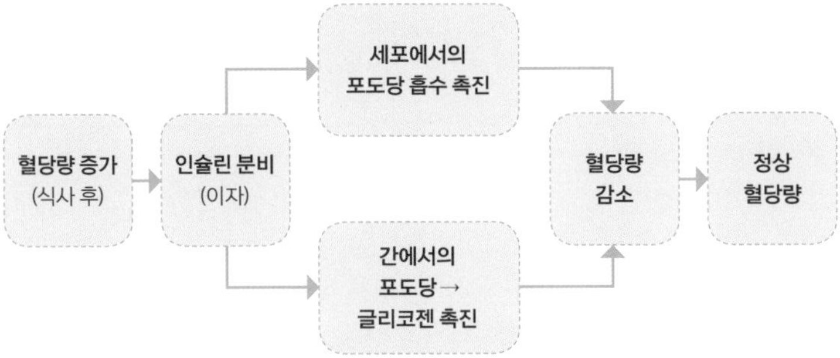

▲ 혈당량이 증가할 때의 항상성 유지

반대의 경우도 알아볼게요. 식사를 한 후 시간이 많이 흘렀거나 에너지를 많이 쓰는 운동을 한 후에는 혈당량이 많이 감소합니다. 그러면 글루카곤이 분비되어 간에 합성해둔 글리코젠을 포도당으로 분해해요. 그리고 분해된 포도당은 혈액 속으로 들어가 혈당량을 높이죠.

뇌는 포도당만을 에너지원으로 사용해요. 시험 날에는 문제를 푸느라 머리를 많이 쓰므로, 아침밥을 꼭 먹어 포도당을 충분히 공급해 주면 좋겠죠?

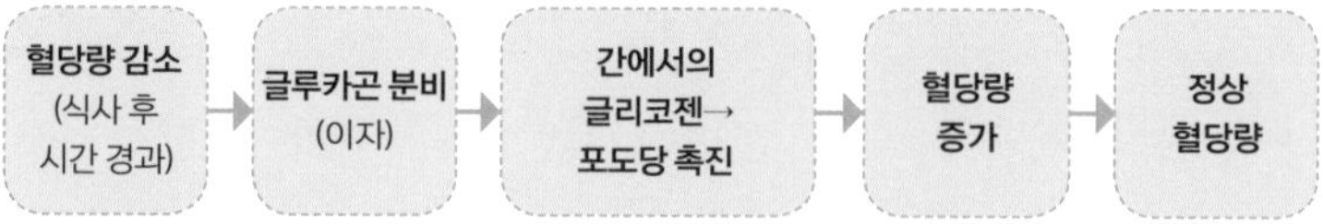

▲ 혈당량이 감소할 때의 항상성 유지

아하! 심화개념

대뇌의 기능도 분화되어 있다고?

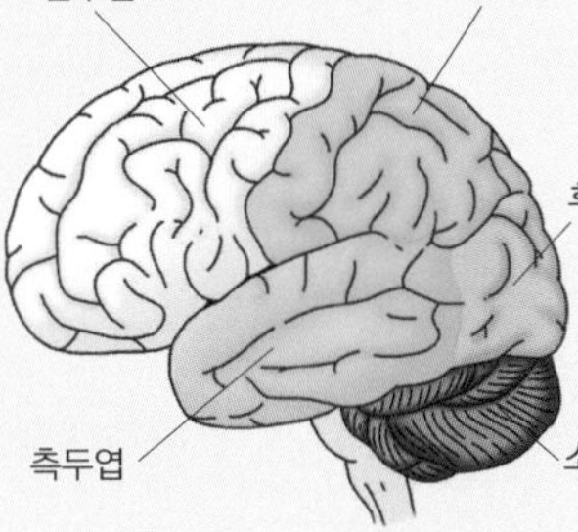

▲ 대뇌 겉질의 구분

양전자 단층 촬영법을 이용하면 뇌의 각 부분의 기능을 알 수 있어요. 방사성 포도당을 주입해서 뇌가 활발하게 활동하는 부분을 촬영하는 거예요. 예를 들어, 글자를 볼 때는 대뇌의 뒤쪽에서 활발한 대사 활동이 일어나므로, 시각이 이 부위에서 형성된다는 사실을 알려주죠.

대뇌의 표면을 이루는 얇은 층을 대뇌 겉질이라고 하는데, 크게 네 부위로 나눠요. 대뇌의 앞부분을 전두엽, 뒷부분을 후두엽, 양 옆쪽을 측두엽, 가운데 꼭대기 부분을 두정엽이라고 하지요. 대뇌의 각 부분은 어떤 기능을 할까요? 연구 결과 언어 영역은 전두엽과 측두엽에, 시각 영역은 후두엽에, 청각 영역은 측두엽에, 감각 정보의 통합 영역은 두정엽에 위치한다는 것을 알게 되었어요. 그리고 대뇌의 운동 영역과 감각 영역도 구체적으로 밝혀냈답니다.

5부

우리의 몸은
어떻게 자라고,
어떻게 자손에게
특징을 전달할까

몸집이 큰 동물은 작은 동물보다 세포의 크기가 클까요?

손에 난 작은 상처가 저절로 아무는 이유는 무엇일까요?

1

생물의 몸이 자라 자손을 남기기까지

| 생식 |

염색체의 수가 같으면 같은 생물일까요?

생물이 부모와 같은 염색체 수를 유지하는 이유는 무엇일까요?

일반적으로 생물은 많은 세포로 이뤄졌어요. 하지만 처음에는 단 한 개의 세포에서 시작됩니다. 이 세포가 분열하면서 완전한 개체가 되는 거예요. 그리고 다 자란 생물은 자신을 닮은 자손을 남기는데, 이를 생식이라고 해요. 사람의 경우 정자와 난자가 만나 수정란이 만들어지고, 이 수정란이 세포 분열을 해서 많은 세포로 이뤄진 한 명의 사람이 되죠. 그리고 자라서 자손을 남기게 돼요. 그럼 세포 분열에는 어떤 종류와 특징이 있으며, 사람은 한 개의 세포에서 어떤 과정을 거쳐 아기의 모습으로 태어날까요?

세포 분열은 왜 필요할까?

생물의 몸을 구성하는 가장 작은 단위는 세포예요. 그런데 코끼리의 세포와 쥐의 세포 중 어느 쪽이 더 클까요? 코끼리가 쥐보다 5,000배 정도 몸집이 크니 세포도 5,000배 정도 클까요? 우리가 아기에서 어른으로 자랄 때는 세포의 수가 늘어나는 걸까요, 아니면 세포의 크기가 커지는 걸까요?

코끼리가 쥐보다 큰 이유는 세포가 더 크기 때문이 아니라 세포의 수가 많기 때문이에요. 아기가 어른으로 자랄 때도, 그러니까 생장할 때도 세포가 계속 커지는 게 아니라 그 수를 늘려가죠. 이처럼 세포 한 개가 두 개로 나눠지는 현상을 **세포 분열**이라고 해요.

왜 세포의 크기가 커지지 않고 세포 분열이 일어날까요? 생물은 살아가기 위해 세포 호흡을 해요. 이때 세포는 산소와 영양소를 받아들이고 노폐물을 세포 밖으로 내보내죠. 그런데 세포가 크면 이 물질 교환이 효율적으로 일어나지 않아요.

다음 그림을 보세요. 한 변의 길이가 1m인 정육면체의 표면적은 얼마일까요? 맞아요. 6m^{2}예요. 그럼 이 정육면체를 한 변의 길이가 반이 되도록 자르면 표면적은 얼마가 될까요? 그렇죠. 12m^{2}가 돼요. 그리고 한 변이 0.25m가 되도록 자르면 표면적은 24m^{2}가 됩니다. 즉, 세포의 크기가 작아질수록 부피에 비해 표면적이 넓어지고, 따라서 산소·영양소·노폐물 등의 물질 교환에 유리해요.

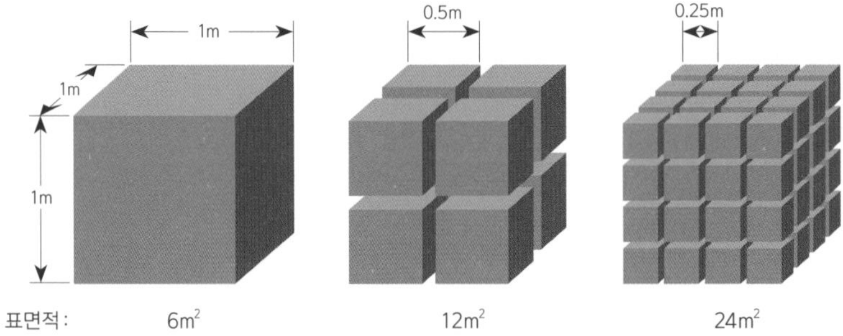

▲ **정육면체의 표면적 비교**

세포 분열은 생장 외에 재생의 기능도 있어요. 혹시 과학 다큐멘터리에서 도마뱀이 위급 상황에 꼬리를 자르고 도망가는 모습을 본 적이 있나요? 포식자가 잘린 꼬리에 신경을 쓰고 있을 때 도망가는 거죠. 그럼 꼬리를 자른 부분은 어떻게 될까요? 놀랍게도 새로운 꼬리가 나온답니다. 세포 분열을 부지런히 해서 꼬리를 다시 자라게 하는 거예요. 사람은 어떨까요? 도마뱀 같은 재생은 할 수 없지만, 세포 분열을 통해 상처를 치료해요. 손이 칼에 베이면 세포 분열을 통해 새로운 세포로 채워지면서 상처가 아물죠.

여러분, 혈액에는 적혈구가 얼마나 들어 있을까요? 혈액 $1mm^3$당 무려 500만 개나 들어 있어요. 적혈구의 수명은 120일 정도인데, 이렇게 많은 적혈구를 어떻게 계속 보충할까요? 우리 몸의 골수 속에는 줄기세포가 있어요. 이 줄기세포가 끊임없이 세포 분열을 해 많은 수의 적혈구를 만들 수 있습니다. 참고로 줄기세포는 어떤 세포로도 분화할 수 있는 세포를 말해요. 피부 세포는 피부 세포로만 분화하지만 줄기 세포는 피부 세포로도, 근육 세포로도, 신경 세포로도 분화할 수 있지요.

정리하면, 세포 분열을 통해 생장, 재생과 치료, 세포 보충 등을 할 수 있어요. 아메바나 짚신벌레 같은 단세포 생물은 세포 분열을 통해 번식까지 할 수 있죠.

잠깐! 초등개념

생물의 한살이

동물 중에는 개나 고양이처럼 새끼를 낳는 동물이 있고, 개구리나 닭처럼 알을 낳는 동물이 있어요. 강낭콩이나 벼는 씨에서 싹이 터 잎과 줄기가 자라고 꽃이 피며, 열매를 맺어 씨를 만들죠.
이처럼 생물은 새끼 또는 알을 낳거나, 씨를 만들어 종족을 유지해요. 생물이 자신과 닮은 자손을 남겨 종족을 유지하는 현상을 생식이라고 하지요. 그리고 생식을 통해 만들어진 자손에게는 부모의 특징이 전해지는데, 이 현상을 유전이라고 합니다.

유전 정보가 들어 있는 염색체

1996년, 복제 양 '돌리'가 탄생했어요. 그 전에도 복제 생물이 태어난 적은 있지만, 복제 양 돌리는 사회적으로 큰 이슈가 됐죠. 왜일까요? 일반적으로 생물은 수컷과 암컷으로 성이 나뉘고, 각각의 성이 만들어낸 생식세포가 합쳐져 자손을 만들어요. 사람을 기준으로 설명하면, 남자가 정자를 만들고 여자가 난자를 만들며, 두 세포가 결합해서 수정란이 되지요. 하지만 복제 양 돌리는 다음과 같은 과정을 거쳐 태어났어요.

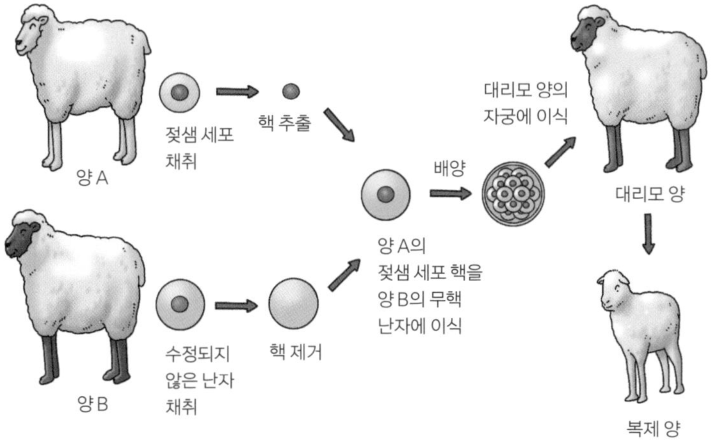

▲ 복제 양 돌리가 태어난 과정

먼저, 다 자란 양 A의 젖샘 세포를 하나 떼어내요. 그리고 양 B의 난자를 채취해서 핵을 제거한 후, 양 A에게서 떼어낸 젖샘 세포의 핵을 이식해요. 이 세포가 여러 개의 세포로 분열해 만들어진 배아를 대리모 양의 자궁에 이식시켜 태어난 양이 돌리예요. 돌리는 양 A로부터 모든 유전자를 받았기 때문에 양 A와 똑같아요. 사람으로 치면 일란성 쌍둥이처럼 똑같이 생긴 거예요. 일란성 쌍둥이는 유전자가 같아서 외모가 같죠. 만약 인간 복제에 성공한다면, 누군가 나 몰래 내 칫솔에서 세포를 추출해 나를 복제할 수도 있겠네요?

물론 인간 복제는 금지하고 있으니 걱정하지 않아도 돼요. 여기서 핵심은 젖샘 세포 하나를 떼어내 복제 양을 만들었다는 점이에요. 우리 몸은 수많은 세포로 구성되는데, 성숙한 적혈구나 혈소판을 제외하고 모든 세포에 핵이 있어요. 그리고 핵 속에는 생물 개체의 모든 특징을 결정하는 유전 물질이 들어 있죠. 그럼 세포 분열을 할 때, 이 유전 물질은 어떻게 될까요? 반으로 나뉠까요? 복제 양 돌리를 생각하면 하나의 세포에 모든 유전 물질이 들어 있는 것을 알 수 있어요. 그러니까 세포 분열을 할 때는, 즉 새로운 세포를 만들 때는 먼저 유전 물질을 복제해요. 이 덕분에 세포 분열을 해도 세포 안의 유전 물질은 변하지 않는답니다.

이제 유전 물질에 대해 알아볼게요. 유전 물질인 DNA에 저장된 유전 정보생물의 특징는 자손 대대로 전달돼요. DNA는 지름이 2nm나노미터, 다시 말해 0.000000002m로 너무 작아서 눈으로는 볼 수 없어요. 전자 현미경으로도 보이지 않아서, 제임스 왓슨과 프랜시스 크릭이 엑스선X선 회절 무늬엑스선이 고체 결정을 지날 때 나타나는 무늬를 이용해 DNA의 이중 나선 모형을 만들었지요. 두 사람은 이 공로로 1962년 노벨 생리·의학상을 수상했어요. 왓슨은 인간 게놈 프로젝트를 주도한 미국 과학자이고, 크릭은 유전의 중심 원리를 연구한 영국 과학자예요.

DNA는 어려운 내용이지만, 앞으로 배울 생식과 유전의 기초 개념이므로 조금 더 알아볼게요. DNA는 우리의 키, 혈액형, 눈꺼풀 모양

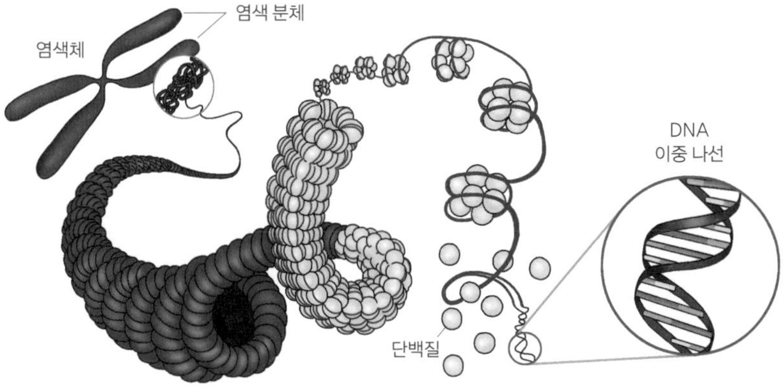

▲ 염색체와 DNA의 구조

등을 결정하는 유전자가 들어 있는 중요한 물질이에요. 인간 게놈 프로젝트에서 인간은 약 3만 개의 유전자가 있다는 사실이 밝혀졌죠.

DNA는 단백질과 함께 가는 실 모양을 이루며 핵 속에 풀어져 있어요. 그래서 이대로 세포 분열을 한다면 끊길 위험이 있습니다. 따라서 세포 분열을 할 때는 먼저 DNA가 복제되고, DNA를 나누기 쉽도록 DNA와 단백질을 응축해 굵고 짧은 막대 모양의 **염색체**를 만들어요. 이 염색체는 알파벳 X자 모양으로 생겼으며, 광학 현미경으로도 볼 수 있어요. 염색체의 X자 양쪽 가닥을 각각 **염색 분체**라고 하는데, 이미 DNA가 복제됐으므로 두 가닥의 염색 분체는 서로 유전자가 똑같아요.

이렇게 염색체에는 그 생물의 특징을 결정하는 유전자가 들어 있으며, 염색체의 수와 모양은 생물마다 달라요. 염색체 수의 예를 보면 사람은 46개, 고양이는 38개, 개는 78개죠. 하지만 염색체 수가 같다고 해서 같은 생물인 건 아니에요. 감자와 침팬지의 염색체 수는 48개로 같지만, 둘은 전혀 다른 생물이죠.

생물의 체세포에 들어 있는 염색체를 가장 긴 염색체부터 쌍으로 배열한 것을 **핵형**이라고 하며, 같은 종의 생물은 핵형이 같아요. 그런데 사람의 핵형을 나타내는 아래 그림을 보면, 크기와 모양이 같은 염색체가 두 개씩 있어요. 이처럼 모든 염색체는 쌍을 이루는데, 이를 **상동 염색체**라고 해요. 한마디로 똑같은 염색체를 두 개씩 가지고

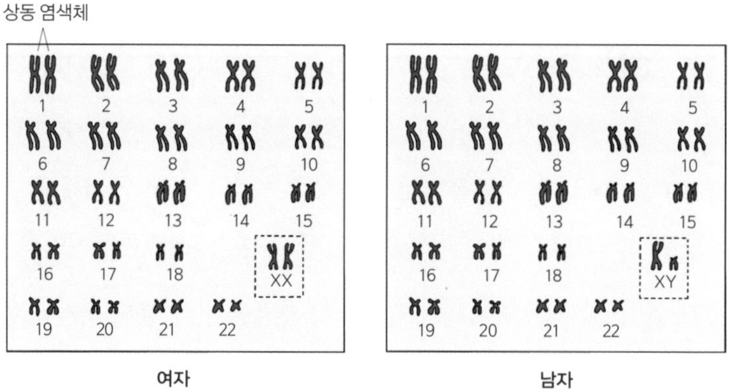

▲ 사람의 염색체 구성(핵형)

있는 거예요. 상동 염색체를 이루는 두 개의 염색체 중 하나는 아버지에게서, 다른 하나는 어머니에게서 물려받아요.

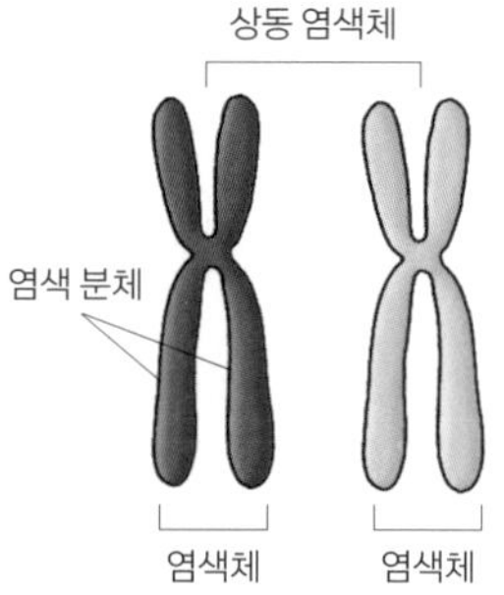

▲ 상동 염색체

사람의 상동 염색체 23쌍 중에서 남녀가 공통으로 가지고 있는 22쌍의 염색체를 **상염색체**라고 해요. 나머지 한 쌍은 남녀가 다른데, 이는 성을 결정하는 **성염색체**예요. 사람의 성염색체에는 X 염색체와 Y 염색체가 있고, 여자는 X 염색체 두 개를, 남자는 X 염색체와 Y 염색체를 각각 한 개씩 가져요. 그럼 성별은 어떻게 결정될까요? 여자는 자식에게 X 염색체만 물려줄 수 있어요. 하지만 남자는 X 염색체 또는 Y 염색체를 물려줄 수 있죠. 그러니까 아버지에게서 Y 염색체를 물려받으면 남자가 태어나고, 아버지에게서 X 염색체를 물려받으면 여자가 태어나요.

체세포와 생식세포는 어떻게 만들어질까?

이제 세포 분열에 대해 본격적으로 알아볼게요. 세포 분열은 **체세포 분열**과 **생식세포 분열**로 나눠요. 많은 세포로 이뤄진 다세포 생물에서 정자, 난자 같은 생식세포를 제외한 모든 세포를 체세포라고 해요. 그러니까 세포는 정자와 난자를 만드는 생식세포 분열을 제외하고는 체세포 분열을 해요. 체세포 분열은 똑같은 체세포를 두 개 만드는 과정인데, 여기서 '똑같다'는 말은 유전자가 같다는 의미예요. 즉, 체세포 분열은 똑같은 유전자를 가지는 두 개의 체세포로 나눠지는 과정이에요. 체세포 분열은 상처가 났을 때 세포의 재생을 도와주고, 몸의 세포 수를 늘려 생장을 하게 합니다. 체세포 분열은 생식세포를 만드는 것을 제외한 몸 전체에서 일어난다고 할 수 있어요.

체세포 분열이 일어나는 과정

체세포 분열 과정은 간기, 전기, 중기, 후기, 말기, 세포질 분열 단계로 나눠요. 세포 분열 전인 간기는 막대 모양의 염색체가 보이지 않지만, DNA가 복제되는 중요한 시기예요. 그리고 한 개의 체세포가 분열해 두 개의 세포로 되면 크기가 작은데, 간기 때 세포가 커져 다음 세포 분열을 준비하죠. 전기·중기·후기·말기는 핵이 둘로 나눠지는 핵분열 시기로, 염색체의 모양과 행동에 따라 구분한 거예요. 핵이 나눠지면 세포질을 둘로 나누는 세포질 분열이 일어나 체세포 분열 과정을 마치게 됩니다. 지금부터 각 단계의 특징을 살펴볼게요.

간기 (세포 분열 전)		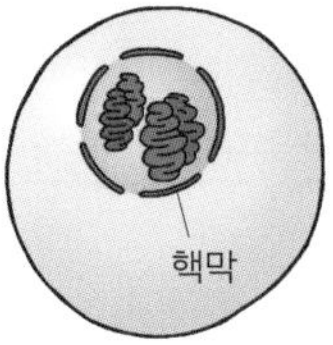	일반적인 세포의 모습이에요. 현미경으로 보면 가운데에 핵이 있고, 핵막이 뚜렷하게 보이는 시기죠. 이 시기에는 핵 속에 염색체가 실처럼 풀어져 있어요. 그리고 세포가 커지며, 세포 분열을 하기 위해 똑같은 DNA를 만들지요.
핵분열	**전기**	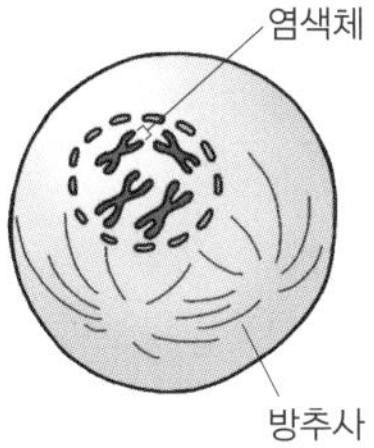	DNA 복제가 끝나면 세포와 DNA를 나눠야 해요. 그래서 이 시기에는 핵막이 사라지고 염색 분체로 이뤄진 X자 모양의 염색체가 보여요. 그리고 실처럼 생긴 방추사가 형성되어, 염색체의 잘록한 부분에 붙어요. 방추사는 염색체를 이동시키는 역할을 해요.
	중기	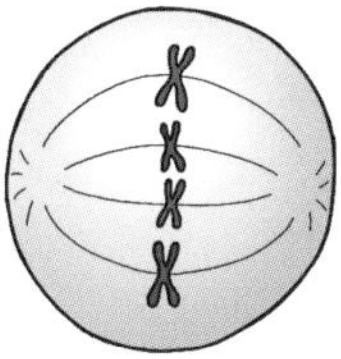	이제 복제한 염색 분체를 나누려고 해요. 이 시기에 염색체들은 세포의 중앙에 배열되며, 염색체의 수와 모양을 가장 잘 관찰할 수 있답니다.
	후기	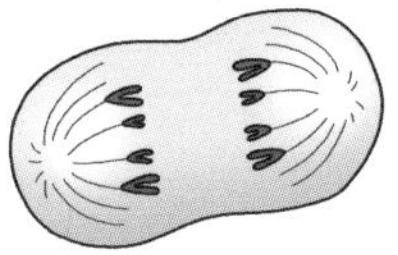	방추사에 의해 염색 분체가 나뉘어 양쪽으로 끌려가요.

말기	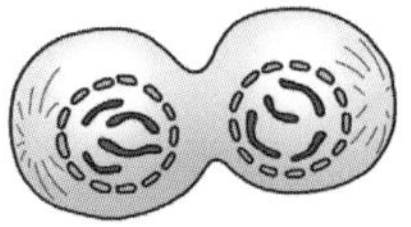	핵막이 형성되면서 두 개의 핵이 생기고, 염색체가 풀어지기 시작해요. 그리고 세포질 분열이 시작돼요.
세포질 분열	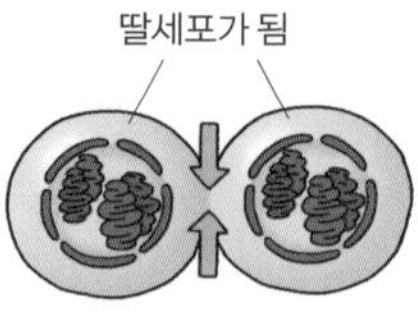 동물 세포 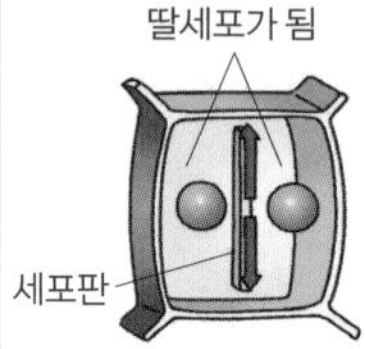 식물 세포	세포질 분열의 모습은 식물 세포와 동물 세포가 달라요. 동물 세포는 세포의 가운데가 잘록하게 들어가면서, 즉 세포막이 바깥쪽에서 안쪽으로 들어가면서 나뉘어요. 반면에 식물 세포는 단단한 세포벽이 있어서 잘록하게 만들 수 없어요. 대신 세포판을 안쪽에서 바깥쪽으로 형성해 세포질 분열을 완성합니다. 세포질 분열을 마치면 분열 전 세포와 동일한 두 개의 세포가 만들어져요. 이때 분열하기 전의 세포를 모세포, 분열해서 만들어진 두 개의 세포를 딸세포라고 해요.

▲ 체세포 분열 과정

생식세포 분열이 일어나는 과정

이제 생식세포의 분열 과정에 대해 살펴볼 차례군요. 여러분, 사람의 염색체 수는 몇 개라고 했지요? 그렇죠. 46개예요. 그런데 정자와 난자의 염색체 수가 46개라면 정자와 난자가 합쳐져 만들어지는 수정란의 염색체 수, 즉 다음 세대의 염색체 수는 그 두 배인 92개가 될 거예요. 그다음 세대는 184개가 되고, 세대가 거듭될수록 염색체의 수가 배로 늘어나겠죠.

이 문제를 해결하기 위해서는 정자와 난자 같은 생식세포의 염색체 수가 체세포의 반이어야 해요. 그래서 생식세포를 만들 때는 염색체 수가 체세포의 반으로 줄어드는 세포 분열이 일어나요. 이를 생식세포 분열, 또는 **감수 분열**이라고 해요. 그러니까 생식세포 분열에서 가장 중요한 과정은 염색체 수를 반으로 줄이는 거예요. 그런데 어떤 염색체를, 어떻게 반으로 줄여야 할까요?

사람의 핵형을 보면 크기와 모양이 같은 염색체가 쌍을 이루고 있죠? 이를 상동 염색체라고 했어요. 왜 똑같은 염색체를 굳이 두 개씩 가지고 있을까요? 그 이유는 생식세포를 만들기 위해서예요. 쌍을 이루는 똑같은 상동 염색체를 나눔으로써 염색체의 수를 반으로 줄일 수 있거든요. 이렇게 정자와 난자는 염색체 수가 체세포의 반이 되고, 이 둘이 결합하면 원래와 같은 수의 염색체가 되지요.

생식세포 분열도 체세포 분열과 같은 과정을 거쳐요. 다른 점은 연속해서 두 번 분열하며, 두 번째 분열은 간기 없이 시작한다는 거예요. 이를 순서대로 각각 감수 1분열, 감수 2분열이라고 해요. 지금부터 각 과정의 특징을 살펴볼게요.

간기 (세포 분열 전)	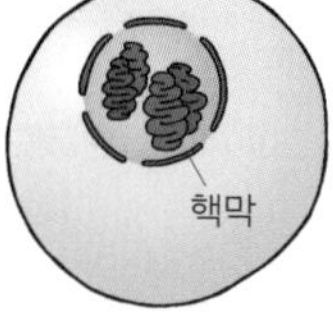	DNA가 복제돼요.
	감수 1분열	
전기		핵막이 사라지고, 상동 염색체가 결합해 2가 염색체를 형성해요. 그리고 방추사가 형성되어, 각각의 상동 염색체에 붙어요.
중기	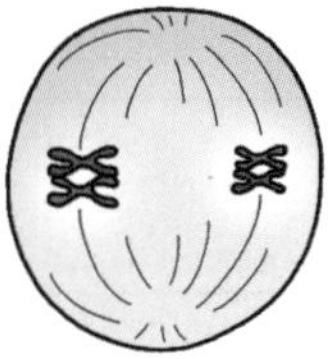	2가 염색체가 세포의 중앙에 배열돼요.
후기	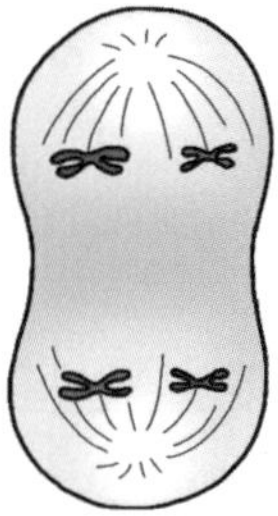	방추사에 의해 상동 염색체 각각이 나뉘어 양쪽으로 끌려가요.

말기 및 세포질 분열	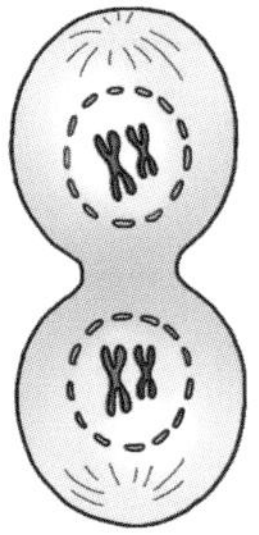	핵막이 형성되고, 세포질이 나뉘어 두 개의 딸세포가 만들어져요.
간기	없음	간기가 없어 DNA가 복제되지 않아요.
감수 2분열		
전기	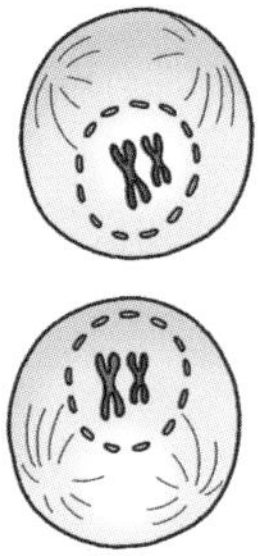	핵막이 사라지고, 방추사가 형성되어 염색체에 붙어요.
중기	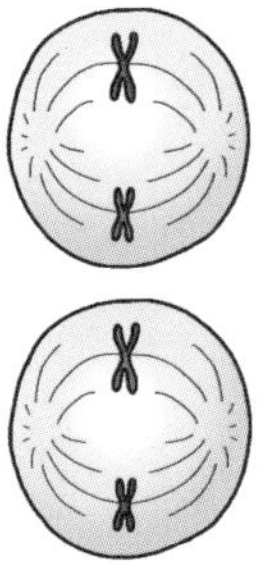	염색체가 세포의 중앙에 배열돼요.

후기	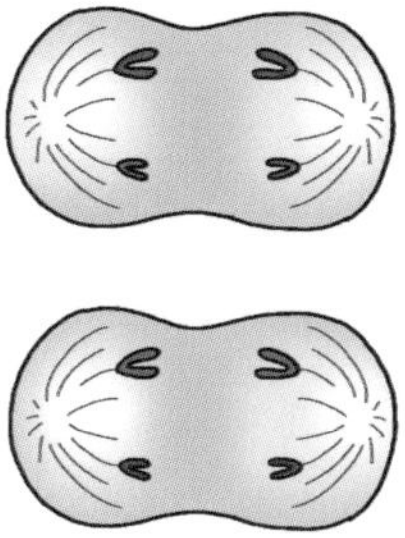	방추사에 의해 염색 분체가 나뉘어 양쪽으로 끌려가요.
말기 및 세포질 분열	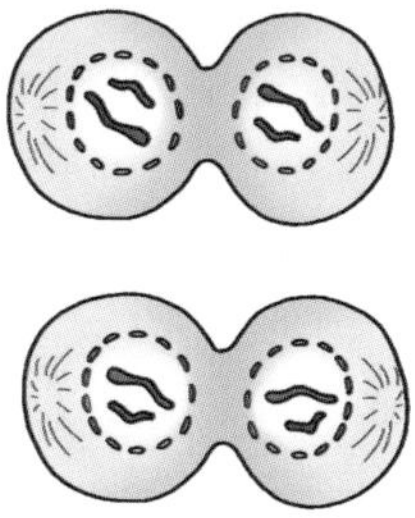	핵막이 형성되고, 염색체가 풀어져요. 그리고 세포질이 나뉘어 네 개의 딸세포가 만들어져요.

▲ 생식세포 분열 과정

체세포 분열과 생식세포 분열은 어떻게 다를까?

다음 그림은 사람의 체세포 분열과 생식세포 분열을 비교하기 위한 모식도로, 이해를 돕기 위해 모세포의 염색체를 두 쌍만 그렸어요.

이제 체세포 분열을 볼게요. 이때 가장 먼저 한 일이 뭐죠? 맞아요. DNA 복제예요. 그리고 각 염색체의 염색 분체가 나뉘어 딸세포 두

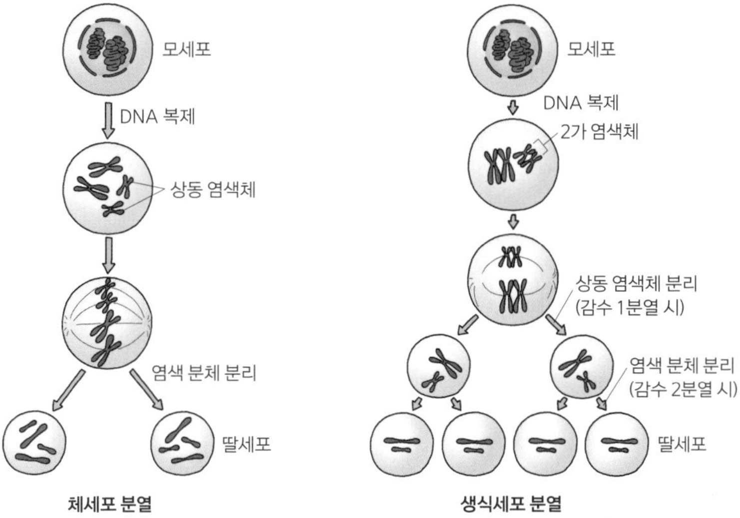

▲ 체세포 분열과 생식세포 분열의 비교

개가 만들어져요. 따라서 딸세포의 염색체 수는 모세포와 같아요.

생식세포 분열 때도 DNA가 복제돼요. 하지만 생식세포 분열은 모습이 조금 달라요. 감수 1분열 전기 때 상동 염색체가 결합해 2가 염색체를 형성하거든요. 그리고 감수 1분열에서는 상동 염색체가 분리되며, 곧바로 시작하는 감수 2분열에서는 체세포 분열 때와 같이 염색 분체가 분리되어 생식세포 분열을 마무리하지요. 결국 생식세포 분열에서는 한 번의 복제와 두 번의 분열을 해서, 염색체의 수가 모세포의 절반인 딸세포 네 개가 만들어집니다. 이 딸세포가 정자와 난자가 되는 거예요. 그 결과 정자와 난자가 하나씩 결합해서 생긴 자손의 염색체 수는 부모와 같죠. 그래서 생물은 세대를 거듭해도 자손이 부모와 동일한 염색체 수를 유지해요.

수정에서 출산까지: 사람의 발생

사람의 생식세포 분열을 통해 만들어진 정자와 난자는 어떤 모양일까요? 정자는 올챙이 모양으로, 핵을 가진 머리와 운동성이 있는 꼬리로 구성돼요. 난자는 핵이 있고, 세포질에 영양분이 많이 저장되어 정자보다 크기가 훨씬 크죠.

정자와 난자가 결합하는 것을 **수정**이라고 하며, 수정이 일어나 만들어진 세포를 **수정란**이라고 해요. 정자와 난자는 염색체 수가 체세포의 반이므로, 정자와 난자가 결합해서 만들어진 수정란의 염색체 수는 체세포와 같아요. 이제 수정란이 체세포 분열을 통해 세포 수를 늘리면서 아기가 될 거예요. 수정란이 세포 분열을 하면서 하나의 개체가 되기까지의 과정을 **발생**이라고 합니다.

수정란이 초기에 체세포 분열을 하는 것을 **난할**이라고 해요. 난할은 세포의 생장 시기가 없어서, 난할이 진행될수록 각 세포의 크기가

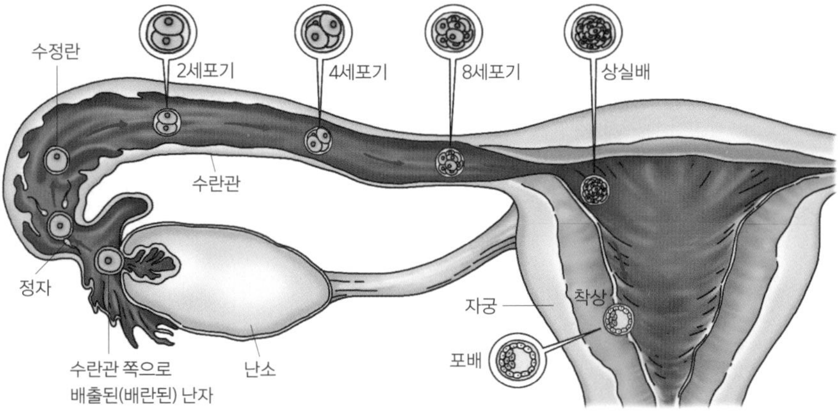

▲ 배란에서 착상까지의 과정

작아지는 특징이 있어요. 수정란이 한 번 분열하면 2세포기, 두 번 분열하면 4세포기가 되고, 난할이 진행될수록 세포가 많아져 산딸기 모양의 상실배가 돼요. 그리고 수정 후 일주일이면 수정란은 속이 빈 포배가 되어 자궁 내벽을 파고드는 **착상**을 해요. 이것이 **임신**이에요.

착상 후 배아는 모체로부터 영양분을 받으며 자라요. **배아**는 태아가 되기 전의 상태로, 사람의 경우 배아가 8주 정도 되면 사람의 모습을 한 **태아**가 돼요. 착상 후 태반이 형성되고 탯줄을 통해 모체와 태아가 연결되죠. 이후 태아는 탯줄을 통해 모체로부터 산소와 영양소를 받고, 노폐물을 모체로 보내요. 태아는 점점 커져 수정 후 약 266일이 지나면 **출산**을 통해 세상으로 나오게 된답니다.

아하! 심화개념

암세포는 왜 늙지 않을까?

암은 세균이나 바이러스가 아니에요. 그래서 항생제나 항바이러스제로 치료할 수 없지요. 암세포는 '나의 세포'입니다. 단, 세포 분열은 필요할 때 적당히 일어나야 하는데, 암세포는 분열을 멈추지 않아요. 계속 세포 분열을 해 종양 덩어리가 되는 거예요.

'텔로미어telomere'는 염색체의 끝부분으로, 세포 분열이 진행될수록 이 텔로미어가 짧아져 결국 세포는 노화되고 죽게 되죠. 그런데 암세포는 끊임없이 분열하는데도 왜 죽지 않을까요? '텔로머레이스telomerase'는 텔로미어를 회복하는 효소로, 텔로미어의 길이를 길어지게 해요. 그런데 일반 체세포에서는 텔로머레이스의 활성이 억제되지만, 암세포에서는 활성이 비정상적으로 높답니다. 이는 텔로머레이스가 암세포를 불멸로 만들어준다는 것을 의미해요. 그럼 텔로머레이스를 억제하면 암세포의 계속된 분열을 막을 수 있지 않을까요? 또한 이 효소를 잘 이용하면 우리가 늙지 않을 수 있지 않을까요? 현재 연구가 활발하게 진행되고 있으니, 어쩌면 곧 그 비밀이 풀릴 수도 있겠죠?

멘델은 완두를 이용해서 유전 연구를 했는데, 완두의 어떤 점이 유전 연구에 유리한 걸까요?

유전에서 말하는 '우성'은 좋은 특징이고, '열성'은 나쁜 특징일까요?

2

부모의 특징이 자손에게 전해지는 법칙들

| 유전 |

엄마, 아빠의 혈액형이 B형인데, O형인 아이가 태어날 수 있을까요?

대장균을 이용하면 유용한 유전자를 많이 만들 수 있는 이유는 무엇일까요?

여러분, 자식이 부모를 닮은 건 당연하다고 생각하나요? 왜죠? 아하, 앞에서 배웠듯이 유전자가 전달되기 때문이라고요? 그런데 자식이 부모와 모든 면에서 똑같은 특징을 가지진 않잖아요. 왜 어떤 특징은 닮지만, 어떤 특징은 전혀 닮지 않을까요? 생물의 유전에는 몇 가지

흥미로운 법칙이 있어요. 이를 알기 위해 다소 낯선 용어들도 배우게 되지만, 이번 단원에는 유전에 대한 재밌는 이야기가 많이 나온답니다.

부모를 '닮는다'는 건 어떤 의미일까?

여러분은 혹시 사람들에게서 "너는 아빠랑 판박이구나", "어쩜, 엄마를 쏙 빼닮았네" 같은 말을 들어본 적이 있나요? 우리는 아빠의 키를 닮기도 하고, 엄마의 눈을 닮기도 해요. 왜 그럴까요? 그리고 부모를 '닮는다'는 건 과학적으로 어떤 의미일까요?

생물이 가지고 있는 여러 고유한 특징을 **형질**이라고 해요. 알기 쉬운 예로 혈액형, 귓불 모양, 보조개 등이 있어요. 우리가 부모님을 닮은 이유는 부모님의 형질을 물려받았기 때문이에요. 이처럼 부모의 형질이 자녀에게 전해지는 현상을 **유전**이라고 합니다.

여러분, 지금 '엄지 척'을 해보세요. 그리고 엄지손가락의 모양을 살펴보세요. 엄지손가락이 뒤로 굽는 사람이 있는가 하면, 굽지 않고 일자형인 사람이 있어요. 이번에는 부모님과 비교해보세요. 어때요?

▲ 〈펠리페 4세〉 중에서

부모님과 같나요? 이런 모양까지 유전될 거라곤 생각하지 않았는데, 신기하죠? 물론 부모님과 같지 않을 수도 있어요. 왜 그런지는 유전 법칙을 배우면 알게 될 거예요.

왼쪽 그림은 에스파냐의 화가인 디에고 벨라스케스가 17세기 합스부르크 왕가의 왕인 펠리페 4세를 그린 〈펠리페 4세〉의 한 부분이에요. 그런데 펠리페 4세의 턱을 보면, 길고 끝이 밖으로 나와 있네요. 펠리페 4세의 아버지도, 형제도 이런 턱 모양이에요. 부모의 형질이 유전된 거죠. 특히 유럽 왕가에서는 왕족끼리 결혼을 해서 특정 형질이 더욱 강하게 유전됐어요.

유전은 어떤 원리로 일어날까요? 1800년대까지 가장 유력하게 받아들였던 원리는 **혼합설**이었어요. 빨간색과 노란색 물감이 섞이면 주황색이 되는 것처럼, 키가 큰 사람과 작은 사람이 결혼하면 자녀는 중간 정도의 키가 된다는 가설이에요. 하지만 뭔가 이상하죠? 부모보다 키가 큰 자녀도 있고, 혈액형이 A형인 부모 사이에서 O형인 자녀가 나오기도 하잖아요.

현대의 우리는 유전이 일어나는 원리를 알고 있어요. 바로 DNA에

들어 있는 유전자 때문에 일어나지요. 유전자는 일종의 입자인데, 유전에 이런 입자 개념을 넣어 처음 연구한 사람은 19세기의 유전학자인 그레고어 멘델이에요.

현대 유전 연구의 시작, 멘델의 완두 실험

현대 유전 연구의 시작은 바로 멘델의 완두 실험이에요. 멘델은 오스트리아에서 태어났으며, 스물한 살에 수도원으로 들어갔어요. 그리고 잠시 수도원에서 나와 대학에서 물리학과 수학, 식물학을 공부했어요. 이때 공부한 내용이 완두를 이용해 위대한 유전 법칙을 발견하는 데 결정적인 역할을 했답니다. 멘델은 대학을 마치고 다시 수도원으로 들어가, 서른다섯 살 즈음에 완두의 유전적 성질을 이용해 형질이 어떻게 유전되는지 확인하기 위한 연구를 시작했어요.

완두는 유전 연구의 재료로서 여러 장점이 있었죠. 물론 현대에는 완두보다 더 좋은 유전 연구 재료가 많아요. 그럼 유전 연구에 이용되는 생물은 어떤 특징이 있어야 할까요?

첫째, 대립 형질이 뚜렷해야 해요. 대립 형질이 뭐냐고요? 생물이 가지고 있는 특징을 형질이라고 했죠? 완두를 예로 들면 완두 씨의 색깔, 완두 씨의 모양 등이 형질이에요. 그런데 완두 씨의 색깔은 노란색과 초록색이 있고, 완두 씨의 모양은 둥근 것과 주름진 것이 있어요. 이처럼 한 형질에서 서로 확실하게 구분되는 특징을 **대립 형질**이라고 해요. 대립 형질은 상동 염색체의 같은 위치에 존재하는 **대립 유전자**로 인해 결정되죠.

멘델은 다음 표와 같이 완두의 일곱 가지 형질을 가지고 유전 실험을 했어요. 각 형질들의 대립 형질은 두 개씩 뚜렷했지요.

형질	씨의 색깔	씨의 모양	꼬투리의 색깔	꼬투리의 모양	꽃의 색깔	꽃이 피는 위치	줄기의 키
대립 형질	 노란색	 둥글다	 초록색	 매끈하다	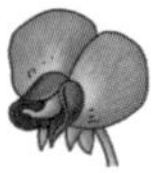 보라색	 잎겨드랑이	 크다
	 초록색	 주름지다	 노란색	 잘록하다	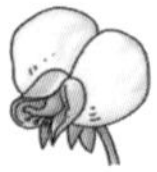 흰색	 줄기 끝	 작다

▲ 멘델이 유전 실험에 이용한 완두의 대립 형질

사람의 형질은 대립 형질이 뚜렷할까요? 사람의 눈꺼풀 종류에는 쌍꺼풀과 외꺼풀이 있어요. 이처럼 사람의 형질 중에는 대립 형질이 뚜렷한 것도 있지만, 대립 형질이 뚜렷하지 않은 게 많아요. ABO식 혈액형의 대립 형질은 A형, B형, AB형, O형으로 네 개죠. 눈 색깔은 검정색, 갈색, 초록색, 파란색 등등 더 많아요. 이렇게 대립 형질이 많으면 통계 연구를 하거나 유전자를 알아내기 어렵습니다.

둘째, 한 세대가 짧아야 해요. 유전 연구는 특정 형질이 자손에게 어떻게 전달되는지 확인하는 작업이에요. 그런데 인간의 삼대, 그러니까 할아버지, 아버지, 나에서의 유전을 알아보려면 최소 40~50년이 걸릴 거예요. 인간의 유전 연구에는 너무 오랜 기간이 필요하네요.

하지만 완두는 씨앗을 심고 다시 씨앗이 생성되기까지 3개월이면 충분해요. 즉, 완두는 한 세대가 짧아 3개월 후면 다음 세대의 형질을 확인할 수 있어요. 세대가 짧을수록 다음 세대의 형질을 금방 확인할 수 있으니 더 좋은 유전 연구 재료가 되겠죠? 후에 과학자들은 초파리를 유전 연구에 많이 이용했어요. 초파리는 알에서 성체가 되기까지 약 15일이면 되거든요.

셋째, 자손의 수가 많아야 해요. 여러분 중에 세 형제나 세 자매인 경우가 있나요? 아들이나 딸이 태어날 확률은 $\frac{1}{2}$이에요. 그러므로 첫째가 딸이라면 둘째는 아들이 나올 만도 하죠. 하지만 그렇지 않은 집이 더 많은 것 같아요. 그런데 우리 학교, 더 나아가 대한민국 전체로 따지면 어떨까요? 결국 남녀의 성비는 1:1에 가까워질 거예요. 유전 연구를 할 때도 생물의 자손 수가 많을수록 더 정확한 확률을 구할 수 있어요. 완두는 동일한 개체를 여럿 만들 수 있고, 여기에서 수백 개의 완두 씨를 얻을 수 있죠. 이는 형질이 어떻게 유전되는지를 나타내는 확률을 계산하기 좋다는 의미예요.

넷째, 자유로운 교배가 가능해야 해요. 완두는 꽃에 암술과 수술이 모두 있어요. 여기서 잠깐, 질문! 혹시 수분이라는 말을 들어봤나요? 수술의 꽃가루가 암술머리에 붙는 것을 **수분**受 받을 수, 粉 가루 분이라고 해요. 그러니까 꽃이 피면 한쪽 완두 꽃의 수술을 모두 자르고, 다른 쪽 완두 꽃의 수술에서 꽃가루를 붓에 묻혀 암술머리에 옮겨 붙이는 거죠. 같은 그루 꽃의 꽃가루가 암술머리에 붙으면 **자가 수분**유전자 같음, 다른 그루 꽃의 꽃가루가 암술머리에 붙으면 **타가 수분**유전자 다름이에요. 멘델은 완두의 자가 수분과 타가 수분을 통해 자신이 원하는 대로 교배할 수 있었어요.

이렇게 멘델은 완두의 교배 실험을 한 결과 완두의 각 형질이 어떻게 나타나는지 알아냈지요. 그리고 그로부터 8년 후 유전 원리를 정리해 〈식물의 잡종에 관한 연구〉라는 논문을 발표했어요. 멘델이 발표한 유전 원리 가설을 간단히 살펴볼게요.

첫째, 한 형질을 결정하는 한 쌍의 유전 인자가 있다. 멘델은 혼합설이 지배하던 세상에 '유전 인자'라는 **입자설**을 제시했어요. 멘델이 말한 유전 인자는 우리가 알고 있는 유전자를 말해요. 멘델이 유전 인자를 제시한 것도 좋았지만, '한 쌍'을 강조하고 싶어요. 이에 대해 바로 앞에서 배웠는데, 생각나나요? 맞아요. 상동 염색체의 같은 위치에 존재하는 대립유전자예요. 멘델은 이미 오래전에 대립유전자를 예견했군요.

둘째, 쌍을 이루는 유전 인자가 서로 다를 때 하나의 유전 인자만 형질로 표현되고, 나머지는 표현되지 않는다.

셋째, 쌍을 이루는 유전 인자는 생식세포가 만들어질 때 각 생식세포로 나뉘어 들어간다.

넷째, 두 종류 이상의 형질이 유전될 때 각 형질을 나타내는 유전 인자는 서로에 대해 독립적으로 유전된다.

이렇게 살펴보니 정말 대단하지요? 멘델은 생식세포가 만들어질 때 상동 염색체가 나눠지는 감수 분열도 이해한 거예요. 현미경으로 관찰하지도 않고 말이죠. 여러분도 멘델이 연구를 통해 밝혀낸 유전 원리가 궁금할 텐데요. 지금부터 하나씩 알아볼게요.

하나의 유전 인자만 표현된다: 우열의 원리

여러분이 멘델의 유전 원리를 배우기 전에 익혀야 할 용어들이 있어요. 바로 표현형과 유전자형, 순종과 잡종이 무엇을 뜻하는지 알아야 해요. 완두 씨의 색깔을 예로 든 다음 표를 보세요.

용어	뜻	예시
표현형	겉으로 나타나는 유전적 형질	노란색, 초록색
유전자형	생물이 가지고 있는 유전자의 구성 양식	YY, yy, Yy
순종	같은 대립유전자를 가지고 있는 개체	YY, yy
잡종	다른 대립유전자를 가지고 있는 개체	Yy

▲ 유전 용어

아직은 이해하기 어렵지요? 괜찮아요. 지금부터 멘델의 유전 원리를 통해 자세히 설명할 텐데, 이 이야기를 다 듣고 나면 잘 이해될 거예요. 앞서 완두 씨 색깔의 대립 형질로는 노란색과 초록색이 있다고 했죠? 이렇게 '노란색', '초록색'처럼 겉으로 나타나는 형질을 **표현형**이라고 해요.

그런데 멘델의 가설을 보면, 한 형질을 결정하는 한 쌍의 유전 인자가 있다고 했어요. 유전 인자를 알파벳으로 표현하면 이해하기 쉬우므로, 완두 씨의 색깔을 노란색으로 만드는 유전 인자를 대문자인 Y, 완두 씨의 색깔을 초록색으로 만드는 유전 인자를 소문자인 y로 표현해보죠. 그러면 한 쌍의 유전 인자 조합은 YY, Yy, yy 중 하나가 돼요. 이처럼 유전자 구성을 알파벳으로 나타낸 것을 **유전자형**이라고 합니다.

그리고 같은 종류의 대립유전자를 가지고 있는 개체, 그러니까 유전자형이 YY, yy처럼 대문자끼리인, 또는 소문자끼리인 개체를 **순종**이라고 해요. 아래 그림에서 노란색 완두 씨의 유전자형은 YY이고 초록색 완두 씨의 유전자형은 yy이므로, 두 완두는 모두 순종이에요. 각각 노란색 완두 씨 유전자 Y와 초록색 완두 씨 유전자 y만 가지고 있는 거예요.

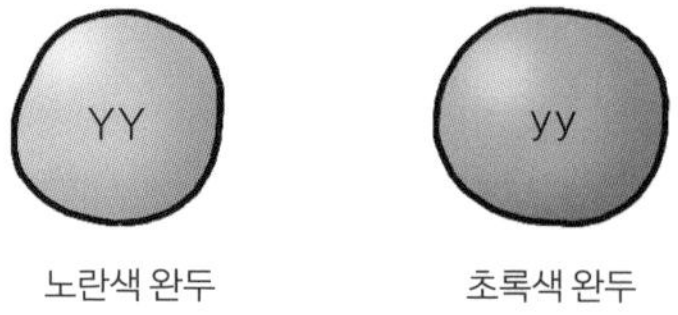

▲ 순종의 노란색 완두와 순종의 초록색 완두의 유전자형

반면, 다른 종류의 대립유전자를 가지고 있는 개체, 그러니까 유전자형이 Yy처럼 알파벳 대문자와 소문자로 이뤄진 개체를 **잡종**이라고 해요. 그런데 유전자형이 Yy인 완두 씨는 어떤 색일까요? 노란색 완두 씨 유전자와 초록색 완두 씨 유전자를 모두 가지고 있으니 노란색과 초록색의 중간색이 될까요?

멘델은 순종의 노란색 완두와 순종의 초록색 완두를 교배했어요. 그리고 잡종 1대자손 1대의 완두 씨 색깔을 관찰했죠. 그런데 놀랍게도 잡종 1대의 모든 완두가 노란색이었어요. 유전 인자를 생각해보면 잡종 1대의 유전자형은 Yy가 돼요. 그런데 노란색 완두 씨 유전자가 초록색 완두 씨 유전자를 이기고 겉으로 나타난 겁니다.

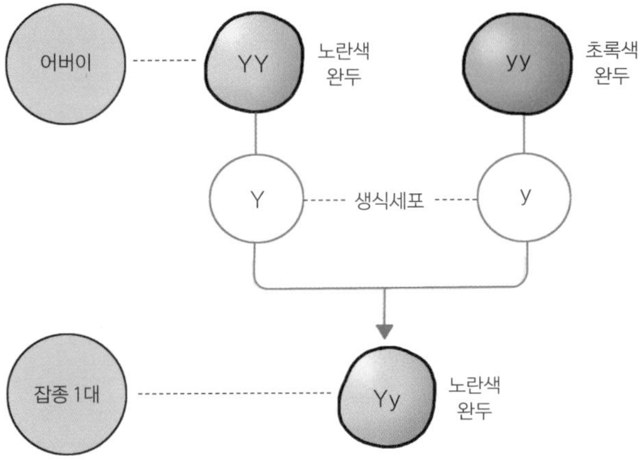

▲ 순종의 노란색 완두와 순종의 초록색 완두의 유전

멘델은 잡종 1대에서 겉으로 나타나는 형질을 **우성**, 나타나지 않는 형질을 **열성**이라고 했어요. 이를 **우열의 원리**라고 해요. 즉, 완두의 경우 대립 형질이 서로 다른 두 순종 개체를 교배하면 잡종 1대에서는 우성 형질만 나타나요. 다음 표는 멘델이 실험했던 완두 형질들의 우성과 열성 관계를 나타낸 거예요.

형질	씨의 색깔	씨의 모양	꼬투리의 색깔	꼬투리의 모양	꽃의 색깔	꽃이 피는 위치	줄기의 키
우성	노란색	둥글다	초록색	매끈하다	보라색	잎겨드랑이	크다
열성	초록색	주름지다	노란색	잘록하다	흰색	줄기 끝	작다

▲ 완두의 우성 형질과 열성 형질

그럼 대립 형질 중에서 우성은 우수한 형질일까요? 오해하면 안 돼요. 우성과 열성은 단지 유전 인자의 구성이 잡종일 때 겉으로 나타나는 형질을 우성으로 놓았을 뿐, 형질의 우수성과는 관계없답니다. 헌팅턴 무도병은 근육이 제멋대로 움직이는 질병인데, 자손에게 우성으로 전달돼요. 다시 말해, 정상 유전자와 헌팅턴 무도병 유전자를 같이 가지고 있다면 헌팅턴 무도병이 발병하는 거예요. 이처럼 우성이라는 용어가 우수하거나 좋은 형질을 뜻하는 건 아니에요.

쌍을 이루는 유전 인자는 서로 다른 생식세포로 들어간다: 분리의 법칙

멘델은 우열의 원리를 발견한 것에 멈추지 않고, 잡종 1대에서 나온 노란색 완두를 심어 잡종 2대자손 2대를 만들어봤어요. 잡종 1대의 노란색 완두는 유전자형이 Yy인데, 과연 잡종 2대에서는 어떤 색의 완두가 열렸을까요? 다음 그림을 함께 볼게요.

이 그림에서 눈여겨볼 점은 노란색 완두끼리 교배했는데, 초록색 완두가 나왔다는 거예요. 이는 잡종 1대에서 초록색 완두 씨 유전자는 사라진 게 아니라, 숨어 있다가 잡종 2대에게 전달된다는 의미예요.* 암술과 수술 모두 노란색 완두 씨 유전자를 가진 생식세포와 초록색 완두 씨 유전자를 가진 생식세포를 만든 거죠. 그리고 이 생식세포들이 무작위로 만나서 유전자형이 YY인 완두, Yy인 완두, yy인 완두를 만들어요. 그런데 우열의 원리에 따라 유전자형이 YY, Yy이면 노란색 완두가 되고, 유전자형이 yy이면 초록색 완두가 되는 겁니다.

멘델은 잡종 2대에서 나온 노란색 완두와 초록색 완두의 숫자를 셌는데, 노란색은 6,022개이고 초록색은 2,001개였어요. 대략 3 : 1의 비율이네요! 멘델은 이 비율을 근거로, 생식세포 형성 시 쌍을 이루는 유전 인자가 나뉘는 **분리의 법칙**을 알아낸 거예요. 즉, 생식세포를 만들 때는 한 쌍의 대립유전자가 서로 다른 생식세포로 나뉘어 들어가요.

함께 생각해요!

* **부모님의 혈액형은 모두 A형인데, 나는 O형인 이유 :** 부모님의 혈액형이 모두 A형인데 나는 O형이에요. 어떻게 된 걸까요? 뒤에서 배우겠지만, 혈액형 O형이 열성 형질이기 때문이에요. 혈액형 A형의 경우 유전자형이 AA이거나 AO인데, 유전자 A가 유전자 O에 대해 우성이에요. 이 경우에는 부모님의 유전자형이 모두 AO이고, 우열의 원리에 따라 혈액형이 A형인 거죠. 그리고 나는 아빠와 엄마에게서 각각 유전자 O를 받아 유전자형이 OO인 혈액형 O형이 된 거예요. 이처럼 부모님에게 없는 형질이 나타나면 뭐라고요? 맞아요. 열성 형질입니다.

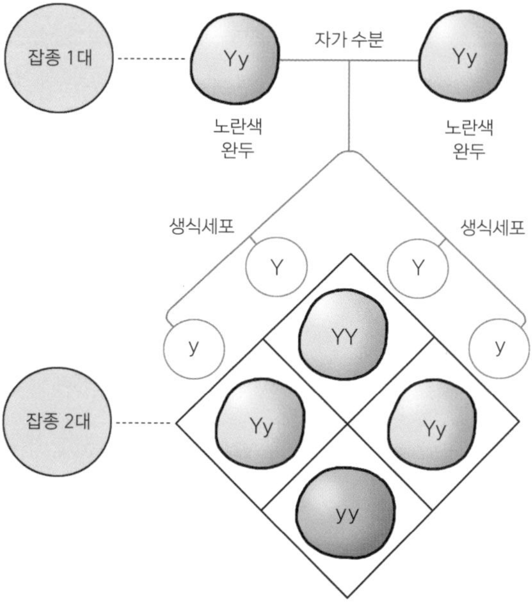

▲ 잡종의 노란색 완두의 유전

다른 형질을 간섭하지 않고 유전된다: 독립의 법칙

지금까지는 한 가지 형질이 어떻게 유전되는지 알아봤어요. 완두 씨의 색깔은 잡종 2대에서 노란색 : 초록색 = 3 : 1로 나왔지요. 같은 방식으로 완두 씨의 모양을 실험해보니 잡종 2대에서 둥근 것 : 주름진 것 = 3 : 1로 나왔어요. 즉, 우열의 원리와 분리의 법칙이 성립한다는 것을 확인할 수 있었죠. 그렇다면 두 가지 형질을 동시에 적용할 땐 어떨까요? 그래도 우열의 원리와 분리의 법칙이 성립할까요?

이를 알아보기 위해서 멘델이 했던 유전 실험을 우리도 함께 해볼까요? 먼저 순종의 둥글고 노란색인 완두 씨와 순종의 주름지고 초록색인 완두 씨를 심어요. 둥근 완두 씨 유전자를 R, 주름진 완두 씨 유전자를 r로 정하고, 어버이 형질의 유전자형을 알파벳으로 써볼게요. 그러면 순종의 둥글고 노란색인 완두는 RRYY, 순종의 주름지고 초록색인 완두는 rryy가 돼요. 이제 두 완두를 교배해서 얻은 잡종 1대끼리 자가 수분을 할게요. 그러면 다음 그림처럼 자손이 나옵니다.

여러분, 이 그림을 찬찬히 살펴보세요. 어떤가요, 잘 이해되나요? 지금부터 설명할 테니, 자신이 바르게 이해했는지 확인해보세요.

어버이인 두 완두, 그러니까 유전자형이 각각 RRYY, rryy인 두 완두가 만든 생식세포는 모양 유전자와 색깔 유전자를 하나씩 가져야 해요. 따라서 만들어진 생식세포의 유전자형은 각각 RY, ry가 됩니다. 그리고 이 두 생식세포의 수정이 일어나면 잡종 1대의 모든 완두의 유전자형은 RrYy가 돼요. 그러므로 우열의 원리에 따라 잡종 1대는 모두 둥글고 노란색인 완두가 되죠.

이번에는 잡종 1대끼리 자가 수분을 할 차례네요. 먼저 생식세포

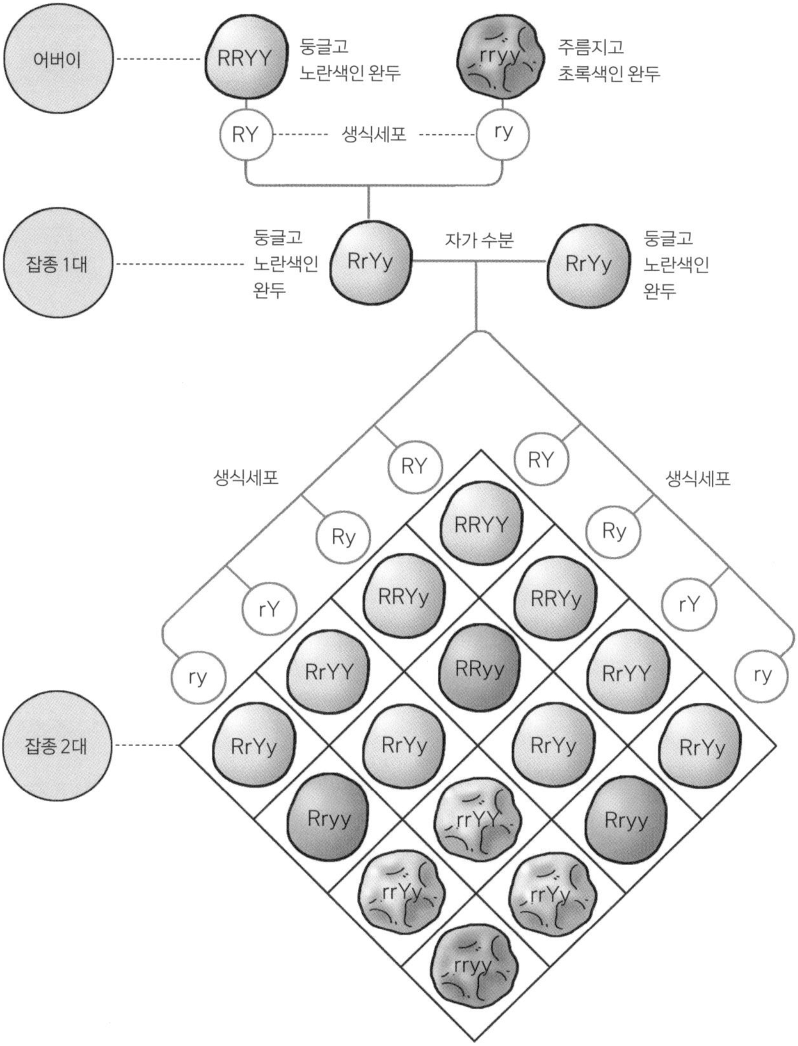

▲ 완두의 두 가지 형질의 유전

를 만들어야 하는데요. 분리의 법칙에 따라 RrYy에서 모양 유전자와 색깔 유전자를 하나씩 가져오면 돼요. 그러므로 생식세포는 RY, Ry, rY, ry 총 네 가지가 됩니다. 이제 무작위로 교배하면, 앞의 그림처럼 자손이 나와요. 그리고 자손의 비율은 다음과 같아요.

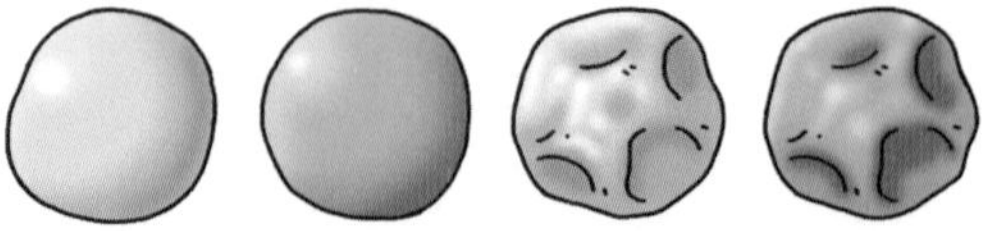

	둥글고 노란색		둥글고 초록색		주름지고 노란색		주름지고 초록색
표현형의 비 =	9	:	3	:	3	:	1

이때 완두 씨 모양에 대한 표현형의 비를 따로 내보면 어떨까요? 둥근 것은 모두 12개이고 주름진 것은 모두 4개이므로, 둥근 것 : 주름진 것 =12 : 4 =3 : 1이 나와요. 마찬가지로 완두 씨 색깔에 대한 표현형의 비를 따로 내보면 노란색 : 초록색 = 12 : 4 =3 : 1이 나와요.

멘델은 이 결과로부터 완두의 모양 유전자와 색깔 유전자는 서로 영향을 미치지 않고 독립적으로 유전된다는 사실을 알아냈는데, 이를 **독립의 법칙**이라고 해요. 즉, 두 가지 이상의 형질이 동시에 유전되더라도, 각 형질은 서로 독립적으로 분리되어 유전돼요.

멘델의 법칙은 얼마나 뛰어난 업적일까?

1865년 멘델이 논문을 발표한 후 과학자들의 반응은 그리 좋지 않았어요. 어쩌면 너무 천재적인 상상을 했기에 믿을 수 없었을지도 몰라요. 1,000년이 넘는 세월 동안 천동설천체가 지구의 둘레를 돈다는 학설을 믿어왔기에 하루아침에 지동설지구가 태양의 둘레를 돈다는 학설을 믿을 수 없었던 것처럼, 혼합설을 정설로 믿고 있는데 입자설을 내놓으니 믿을 수 없었던 거예요.

멘델의 연구는 당시 엄청 앞서갔어요. 여러분도 알다시피, 멘델이 말한 유전을 일으키는 입자는 DNA에 있는 유전자예요. 한 쌍으로 존재하는 유전 인자는 상동 염색체에 있는 대립유전자라고 생각할 수 있고요. 생식세포를 생성할 때 유전 인자가 분리되는 건 감수 분열을 알려주죠. 하지만 이때는 아직 염색체도 발견하지 못한 시기였답니다.

그러나 멘델의 우수한 연구는 안타깝게도 그가 죽은 후에야 인정받았어요. 1900년대 초 여러 과학자가 멘델의 법칙과 비슷한 결과를 발표했고, 현미경으로 염색체를 관찰하기 시작하면서 멘델의 법칙을 인정하게 됐죠. 지금도 전 세계 학생들이 유전을 배울 때 멘델의 연구를 공부해요. 그만큼 멘델의 연구는 유전학의 역사에서 큰 업

적이에요.

멘델의 법칙이 어긋나기 시작했다?

멘델보다 조금 늦은 시기에 독일의 식물학자 카를 코렌스도 유전 법칙을 발견했어요. 하지만 멘델의 법칙과 다른 결과가 나왔지요. 코렌스는 어버이 세대에서 순종의 빨간색 분꽃과 순종의 흰색 분꽃을 교배했어요. 우열의 원리에 따르면, 빨간색과 흰색 중에서 우성 형질이 잡종 1대에서 나타나야 했죠. 하지만 잡종 1대에서는 마치 두 색깔을 섞은 것처럼 모두 분홍색이 나타났어요.

코렌스는 멘델이 한 것처럼, 잡종 1대를 자가 수분했어요. 즉, 같은 꽃끼리 교배한 거예요. 그런데 이 자가 수분의 결과, 잡종 2대에서는 빨간색 : 분홍색 : 흰색 = 1 : 2 : 1로 나타났어요. 잡종 1대에서 빨간색과 흰색이 물감처럼 섞인 거라면 잡종 2대에서 빨간색과 흰색 분꽃은 나올 수 없겠죠? 멘델이 말한 우열의 원리는 문제가 있었지만, 오히려 쌍으로 있는 유전 인자의 존재와 분리의 법칙을 증명하게 됐군요.

이렇게 잡종 1대에서 우열이 아닌 중간 정도의 형질이 나오는 것을 **중간 유전**이라고 해요. 멘델은 완두만 연구해서 예외가 있는 것을

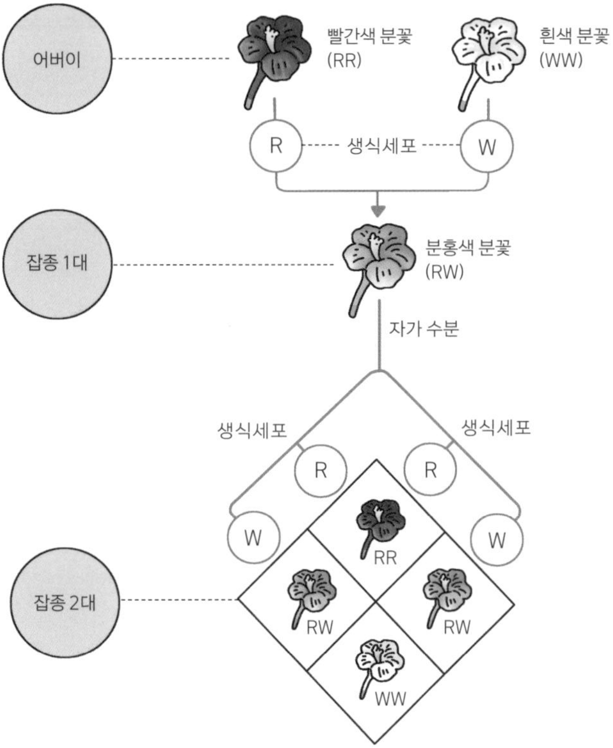

▲ 분꽃의 유전

확인하지 못했죠. 그래서 우열의 법칙이라고 하지 않고 우열의 원리라고 합니다. 중간 유전을 하는 예는 또 있어요. 갈색 말과 흰색 말 사이에서 황금색 말이 태어나는 거예요.

사람의 유전은 어떤 방법으로 알 수 있을까?

지금부터는 사람의 유전 연구에 대해 알아볼게요. 멘델이 완두를 이용해 유전 연구를 할 때 장점이 무엇이었는지 기억하나요? 사람의 유전 연구는 그와 반대로 생각하면 돼요. 완두와 다르게 사람의 유전 연구는 어렵거든요. 대립 형질이 복잡하고, 한 세대가 길고, 자손 수가 적고, 교배 실험을 할 수 없기 때문이에요. 그렇다면 사람의 유전 연구는 어떤 방법으로 해야 할까요? 사람의 유전은 가계도 분석, 쌍둥이 연구, 통계 조사, 염색체와 DNA 분석 등으로 연구할 수 있어요.

집안의 가족 형질을 살펴보다: 가계도 분석

가계도란 집안의 가족 관계를 나타낸 그림이에요. 먼저 가계도를 보는 방법에 대해 간단히 설명할게요. 가계도에서 □사각형은 남자, ○원은 여자예요. □과 ○ 사이에 가로 직선이 있으면 부부 사이를 뜻하고, 세로 직선이 있으면 자녀를 뜻해요. 그리고 가계도의 □과 ○에 색을 칠하거나 무늬를 넣어 형질을 나타냅니다.

다음 가계도는 막내인 영수가 가족들의 귓불 모양을 조사해서 만든 거예요. 귓불 모양에는 일명 '부처님 귀'처럼 얼굴에서 떨어진 분리형과 끝부분이 얼굴에 붙은 부착형이 있어요. 영수를 기준으로 가계도를 분석해볼게요. 먼저 영수의 귓불 모양은 부착형이에요. 3은 어머니이고, 귓불 모양은 부착형이에요. 4는 아버지이고, 귓불 모양은 분리형이에요. 1과 2는 각각 외할아버지와 외할머니인데, 모두 귓불 모양이 분리형이에요. 영수의 형인 5는 귓불 모양이 부착형이고, 영수의 누나인 6은 귓불 모양이 분리형이에요.

여러분은 이 가계도를 통해 무엇을 알 수 있었나요? 그래요. 먼저 귓불 모양의 우열 관계를 알 수 있어요. 외할아버지, 외할머니는 분리형 귓불인데 어머니는 부착형 귓불이에요. 부모에게 없는 형질이 나타난 거죠. 즉, 열성 형질인 부착형 귓불이 잠재되어 있다가 나타

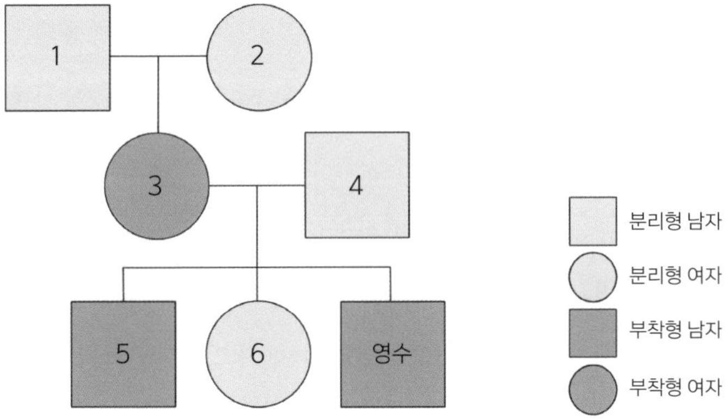

▲ 귓불 모양 유전의 가계도

났어요. 분리형 귓불 유전자를 A, 부착형 귓불 유전자를 a라고 할 때, 외할아버지와 외할머니의 유전자형은 모두 Aa이며, A가 우성이므로 외할아버지와 외할머니는 분리형인 거예요. 그리고 부착형 귓불 유전자 a를 어머니에게 전달해 어머니는 aa로 부착형 귓불인 거죠.

아버지의 유전자형도 알 수 있어요. 형과 영수는 열성인 부착형이므로, 유전자형이 aa예요. 그런데 어머니는 aa이니 자녀에게 무조건 부착형 귓불 유전자 a를 전달해요. 따라서 분리형인 아버지는 a를 전달해줘야 하니, 유전자형이 Aa군요.

그럼 여기서 퀴즈를 하나 내볼게요. 영수의 동생이 태어난다면, 분리형 귓불일 확률은 얼마나 될까요? 정답은 50퍼센트예요. 어머니는 부착형 귓불 유전자인 a만 전달할 수 있고 아버지는 Aa이니, 아버지가 A를 전달하면 분리형, a를 전달하면 부착형이 돼요. 즉, 동생은 아버지로부터 A와 a 둘 중 하나를 물려받을 테니, 분리형 귓불일 확률은 50퍼센트죠.

쌍둥이를 관찰하다: 쌍둥이 연구

우리나라에서 56년 만에 만난 쌍둥이 자매가 있었어요. 예전에 경제적으로 무척 어려웠던 가정에서 한 명을 입양 보냈던 거예요. 쌍둥이 동생은 병원에서 일하고 있었는데, 쌍둥이 언니를 잘 아는 사람이 그

병원에서 닮은 동생을 발견한 후 알려준 덕에 재회할 수 있었지요. 56년간 서로 다른 환경에서 살았지만, 다시 만난 쌍둥이 자매는 얼굴 생김새는 물론이고 키, 걸음걸이까지도 똑같았어요.

미국에서도 비슷한 일이 있었어요. 일란성 쌍둥이인 폴라 번스타인과 엘리스 셰인은 35년 만에 만났어요. 이들은 작가와 영화감독이라는 예술계 분야의 일을 하고 있었고, 대학에서 영화를 전공했다는 것도 같았죠. 알고 보니 그로부터 35년 전에 실험을 목적으로 입양기관에서 이들이 일란성 쌍둥이란 사실을 속이고 각각 다른 가정에 입양 보냈던 거예요. 도대체 왜 이런 비윤리적인 실험을 했을까요?

키는 유전자에 이미 결정되어 있을까요? 몸무게는 먹는 음식에 따라 많이 달라지는데, 혹시 몸무게도 유전일까요? 쌍둥이 분리 실험은 이런 궁금증 때문에 실행됐어요. 일란성 쌍둥이는 유전자가 같으므로, 다른 환경에서 키우고 나중에 형질을 조사하면 얼마나 환경의 영향을 받았는지 알 수 있으니까요. 예를 들어, 키의 경우에는 오랜만에 만난 쌍둥이의 일치율이 꽤 높았어요. 이를 통해 키는 환경보다 유전의 영향을 많이 받는다는 것을 알 수 있었죠.

하지만 과학자들 사이에서는 아직도 논란이 많아요. 키는 사람마다 다르므로, 다양한 표현형이 있다고 봐야 하거든요. 그만큼 키를 결정하는 유전자도 많아요. 어떤 유전자가 특정 환경에 의해 과도하

게 발현될 수도 있고요. 결론은, 유전자와 환경이 조화롭게 작용해 형질이 결정된다고 봐야겠네요.

통계 자료와 유전 물질을 분석하다: 통계 조사, 염색체와 DNA 분석

여러분, 뉴스에서 "2만 명 중 한 명이 걸리는 희귀 질환이다." 같은 보도를 들어본 적이 있나요? 이는 집단에서 특정 형질이 나타나는 확률을 계산한 결과예요. 미국의 경우, 뼈의 성장이 제대로 이뤄지지 않는 연골 발육 부전증은 약 2만 5,000명당 한 명이, 헌팅턴 무도병은 1만 명당 한 명이 태어난다고 해요. 이처럼 집단에서 특정 형질이 유전된 사례를 모은 후 그 자료를 통계적으로 분석하는 방법을 통계 조사라고 합니다. 이런 조사를 통해 특정 형질의 유전 양상을 연구할 수 있지요.

또한 최근에는 생명과학 기술의 발달로 새로운 유전 연구법이 나왔어요. 염색체를 관찰해 수와 모양을 분석하거나 DNA 염기 서열을 분석해 특정 형질이 자손에게 전달됐는지 확인할 수도 있답니다.

사람의 형질은 어떻게 유전될까?

김동인 작가의 〈발가락이 닮았다〉라는 소설이 있어요. 글을 읽어보면 주인공의 아들이 태어났는데 자신과 전혀 닮지 않은 거예요. 그래서 닮은 구석을 찾고 찾다가, 발가락이 닮은 것을 찾았다는 이야기죠. 발가락을 한번 보세요. 엄지발가락이 둘째 발가락보다 긴 사람이 있는가 하면, 둘째 발가락이 더 긴 사람도 있어요. 소설이 나왔던 1932년에는 이런 유전에 대한 지식이 깊지 않았겠지만, 발가락의 길이는 유전되는 게 맞아요. 발가락 말고 사람의 유전 형질에는 또 어떤 게 있을까요? 사실 우리의 외형은 거의 유전됩니다.

쌍꺼풀이 유전되는 원리는 무엇일까?: 상염색체 유전

사람의 염색체는 크게 상염색체와 성염색체로 나눈다고 배웠어요. 그중 상염색체는 남녀가 공통으로 가지고 있죠. 그러므로 형질을 결정하는 유전자가 상염색체에 있다면, 이론적으로는 남녀에게서 형질이 나타나는 빈도가 같아요. 지금부터 상염색체 유전의 여러 예를 알아볼게요.

거울 앞에서 이마를 자세히 보세요. 이마 가운데 부분에 머리털이 난 V자형과 그렇지 않은 일자형이 있어요. 다음으로 고개를 돌려 귀를 보세요. 앞서 가계도 분석에서 알아봤듯이 귓불 모양에는 분리형과 부착형이 있어요. 이제 눈을 보세요. 쌍꺼풀이 있나요, 없나요? 이번에는 혀를 내밀어 U자 모양으로 말아보세요. 혀 말기가 불가능한 사람도 있거든요. 정말 이런 것까지 유전일까 싶지만, 혀 말기도 유전자에 의해 결정돼요. 지금 알아본 형질들은 완두처럼 대립 형질의 종류가 두 개인 경우예요. 즉, 두 가지 대립유전자에 의해 형질이 결정되기 때문에 우열 관계도 뚜렷하죠.

이번에는 혈액형의 유전을 살펴볼게요. 우리가 흔히 말하는 혈액형은 ABO식 혈액형으로, 표현형은 A형, B형, AB형, O형 네 가지예요. ABO식 혈액형의 유전은 복잡해 보이지만 생각보다 간단해요. 위의 여러 유전 형질처럼 혈액형을 결정하는 유전자도 상염색체에

형질	보조개	이마 선의 모양	귓불의 모양	눈꺼풀의 모양	엄지의 모양	혀 말기
우성	 있음	 V자형	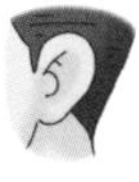 분리형	 쌍꺼풀	 굽음	 가능
열성	 없음	 일자형	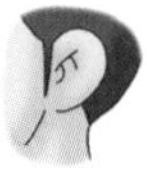 부착형	 외꺼풀	 굽지 않음	 불가능

▲ 사람의 여러 가지 유전 형질

있죠. 단지 혈액형을 결정하는 대립유전자가 A, B, O로 세 가지라는 차이가 있을 뿐이에요. 이 세 대립유전자 중에서 두 개를 가져 혈액형이 결정되는 거예요.

이 세 대립유전자의 우열 관계는 어떻게 될까요? 유전자 A와 B는 서로 우열 관계가 없고, 유전자 O에 대해 공동 우성이에요. 즉, A=B>O로 표시할 수 있어요. 따라서 유전자 A와 B는 우열 관계가 없기에 유전자형이 AB이면 중간 유전처럼 AB형 혈액형이 돼요. 그럼 유전자형이 AO이면 어떤 혈액형이 될까요? 유전자 A가 O보다 우성이므로 A형 혈액형이 됩니다.

표현형	A형	B형	AB형	O형
유전자형	AA, AO	BB, BO	AB	OO

▲ ABO식 혈액형의 표현형과 유전자형

그렇다면 부모님이 어떤 혈액형일 때, 구체적으론 어떤 유전자형일 때, 자녀에게서 모든 혈액형이 나올 수 있을까요? 그렇죠. 아래 가계도처럼 아버지, 어머니 중 한 명은 A형, 한 명은 B형이면서 유전자형이 각각 AO, BO일 때 자녀에게서 네 가지 혈액형이 모두 나올 수 있어요. 단, 이 가계도의 자녀 성별은 예시일 뿐이에요. ABO식 혈액형처럼 한 형질

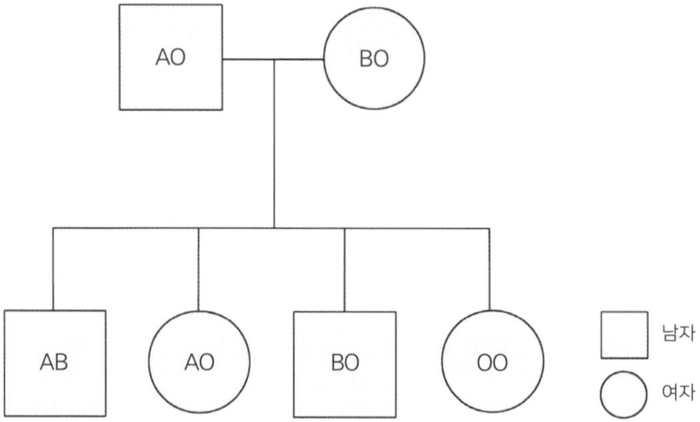

▲ ABO식 혈액형 유전의 가계도

을 결정하는 데 관여하는 대립유전자가 세 가지 이상이면 **복대립 유전**이라고 해요.*

이처럼 형질을 결정하는 대립유전자의 쌍과 우열의 원리, 분리의 법칙만 알면 자녀의 유전자를 짐작할 수 있고, 확률도 계산할 수 있습니다.

남자에게 적록 색맹이 더 많이 나타나는 이유는?: 성염색체 유전

남녀의 차이는 한 쌍의 성염색체 때문에 나타나요. 여자의 성염색체 구성은 XX, 남자의 성염색체 구성은 XY죠. 이 성염색체에 특정 형

함께 생각해요!

* **혈액형별로 성격이 다르다?:** 예전에 일본에서 혈액형별로 성격이 다르다는 내용의 책이 출간됐는데, 우리나라에도 전해지면서 한때 혈액형별 성격이 열풍을 일으켰어요. 혈액형과 성격은 정말 관련이 있을까요?

혈액형은 적혈구 표면의 응집원 때문에 구분돼요. 응집원이란 특정 항체와 결합해서 혈액을 덩어리지게 하는 물질인데, 적혈구의 응집원 성분은 '당'이에요. 편의상 두 종류의 당 A, B를 생각해볼게요. 적혈구 표면에 당 A가 있으면 A형이고, 당 B가 있으면 B형이에요. AB형은 당 A, B가 모두 있고, O형은 두 종류의 당이 모두 없어요. 결국 혈액형은 당의 종류 차이네요. 적혈구 표면에 있는 조그만 당이 사람의 성격을 바꿀까요? 그렇지 않습니다. 성격은 유전자와 환경의 복잡한 작용 결과 형성되는 거예요.

질을 결정하는 유전자가 있으면, 형질이 나타나는 빈도는 남녀에 따라 달라요. 이와 같은 유전 현상을 **반성유전**이라고 해요.

반성유전의 대표적인 예로는 붉은색과 초록색을 잘 구별하지 못하는 적록 색맹이 있어요. 적록 색맹 형질을 결정하는 유전자는 X 염색체에 있고, 적록 색맹 유전자가 정상 유전자에 대해 열성이에요. 따라서 정상 유전자를 X^R, 적록 색맹 유전자를 X^r라고 하면 남녀에 따른 표현형과 유전자형은 다음과 같아요.

구분	남자		여자		
표현형	정상	적록 색맹	정상	정상 (보인자)	적록 색맹
유전자형	X^RY	X^rY	X^RX^R	X^RX^r	X^rX^r

▲ 남녀의 적록 색맹 표현형과 유전자형

이 표를 해석해볼게요. 남자는 X 염색체를 하나만 가지므로 정상 유전자인 X^R가 있으면 정상, 적록 색맹 유전자인 X^r가 있으면 적록 색맹이 돼요. 하지만 여자는 조금 달라요. 적록 색맹은 열성으로 유전되므로 유전자형이 잡종인 X^RX^r라면 정상이 되죠. 이런 사람을 **보인자**라고 해요. 보인자는 형질을 나타내는 유전자를 가지고 있으나 겉으로는 그 형질이 드러나지 않아요. 예를 들어, 어머니가 적록 색맹인 X^rX^r라면, 아들은 어머니에게서 X^r 염색체를 물려받아 유전자형이 X^rY가 되어 적록 색맹이에요. 그리고 이 경우 아버지가 정상인 X^RY라면 딸은 아버지에게서 X^R를 물려받아 유전자형이 X^RX^r인 보인자, 그러니까 정상이 됩니다.

여러분, 다음 가계도를 보면서 질문에 답해보세요. 이번에는 민수가 가족의 적록 색맹 가계도를 조사해봤어요. 외할아버지(1), 외할머니(2), 아버지(3), 어머니(4), 작은외삼촌(6), 여동생(7), 남동생

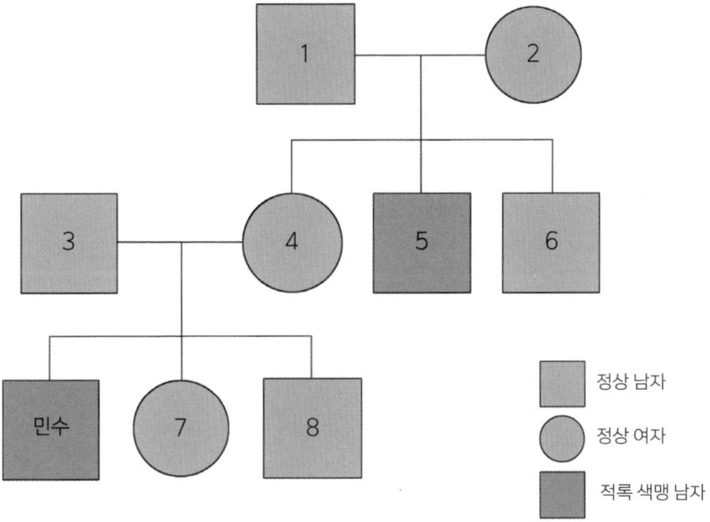

▲ 적록 색맹 유전의 가계도

(8)은 정상이고, 큰외삼촌(5)과 민수만 적록 색맹이네요. 민수의 적록 색맹 유전자는 누구로부터 물려받았을까요?

민수는 적록 색맹이므로 유전자형이 X^rY예요. 그리고 X 염색체는 어머니에게서 받으니까 어머니는 보인자인 X^RX^r인 것을 알 수 있어요. 그럼 어머니의 적록 색맹 유전자는 외할아버지와 외할머니 중 누구로부터 물려받았을까요? 외할아버지는 정상이므로 유전자형이 X^RY여서 어머니에게 적록 색맹 유전자를 전해줄 수 없어요. 따라서 어머니의 적록 색맹 유전자는 외할머니에게서 물려받았고, 외할머니는 표현형이 정상이므로 유전자형이 X^RX^r인 보인자라는 것을 알 수 있습니다.

유전에서 생명공학 기술로

생명공학 기술은 생물의 특징을 이용하기 위해 생물의 기능 등을 인위적으로 조작하는 기술이에요. 그러니까 생명공학 기술을 이용하면 우리에게 유용한 물질이나 생물을 얻을 수 있죠. 생명공학 기술에는 유전자 재조합, 핵치환, 세포 융합 등이 있어요. 우리는 이 기술들을 통해 의약용으로 필요한 물질을 대량 생

산하거나, 멸종 위기 동물을 보존하거나, 새로운 품종의 식물을 개발할 수도 있답니다.

유전자를 다시 조합하다: 유전자 재조합

유전자 재조합은 한 DNA에서 유용한 부분을 잘라낸 후 다른 DNA에 끼워 넣어서 재조합된 DNA를 만드는 기술이에요. 예를 들어, 사람에게 유용한 유전자가 든 DNA 부분을 대장균의 DNA와 재조합하는 거예요. 그러면 대장균이 증식하면서 유용한 유전자도 대량으로 생산할 수 있어요.

대장균은 주 염색체 외에도 **플라스미드**라는 고리 모양의 DNA

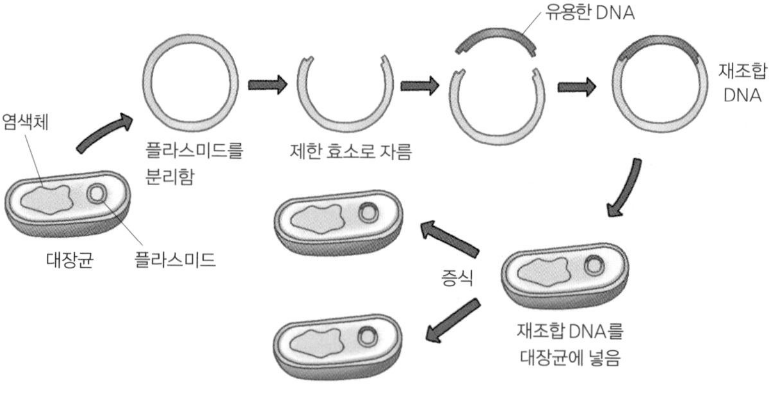

▲ **유전자 재조합**

를 가지고 있는데, 이 플라스미드가 유전자 재조합에서 운반체 역할을 하지요. 대장균을 이용한 유전자 재조합은 어떤 과정으로 진행될까요? 먼저 대장균의 플라스미드를 꺼내서 제한 효소로 자릅니다. 그리고 우리가 원하는 유용한 DNA를 같은 제한 효소로 잘라서 운반체 DNA, 즉 플라스미드의 잘라낸 부분에 넣어요. 그런 후 DNA 연결 효소로 붙입니다. 이제 재조합 DNA가 완성됐어요. 이때 제한 효소는 가위의 역할을, DNA 연결 효소는 풀의 역할을 하는 효소라고 이해하면 돼요.

그럼 완성된 재조합 DNA를 대장균에 다시 넣어 이를 증식시키면 어떻게 될까요? 대장균은 자신에게 들어온 재조합 DNA를 복제해서

숫자를 늘리고, 우리가 넣은 유용한 유전자를 발현시켜요. 만약 사람의 체세포에 들어 있는, 인슐린을 만드는 유전자가 든 DNA 부분을 대장균에 넣는다면 대장균은 인슐린을 대량으로 생산하게 되죠.

다른 예도 볼까요? 맛은 좋지만 병충해에 약한 벼에다 병충해에 강한 식물의 DNA를 잘라서 넣는 거예요. 그러면 벼는 병충해에 강해지므로, 맛이 좋은 벼를 많이 생산할 수 있게 돼요.

다른 세포에 핵을 이식하다: 핵치환

핵치환은 어떤 세포에서 핵을 꺼내 다른 세포에 이식하는 기술이에요. 체세포에서 핵을 꺼낸다면, 그 체세포를 가지고 있는 생물과 똑

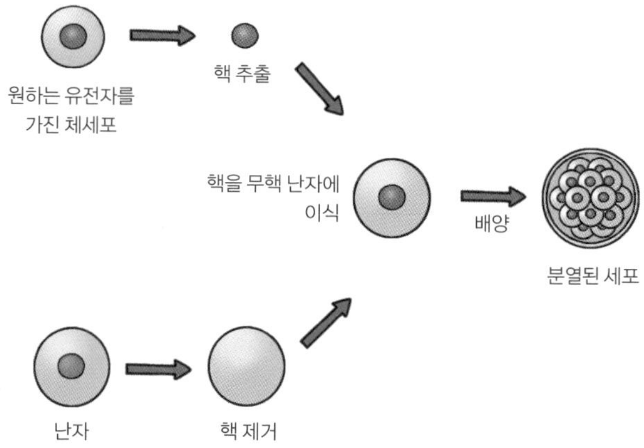

▲ 핵치환

같은 유전자를 가진 생물을 만들 수 있어요. 앞서 나온 복제 양 돌리도 핵치환 기술로 탄생했지요.

현재 원숭이 복제도 성공했다고 하니, 조금만 더 연구한다면 인간 복제도 불가능하지는 않을 거예요. 하지만 핵치환 기술은 신중하게 이용해야 해요. 특히 인간 복제는 윤리적으로 여러 문제를 일으킬 수 있으므로 시도하지 않는 게 좋겠어요.

서로 다른 세포를 융합하다: 세포 융합

세포 융합은 서로 다른 세포를 융합하는 기술이에요. 예를 들어, 토마토 세포와 감자 세포를 융합해서 이 둘의 장점만 가지는 식물을 만드는 거예요. 땅위줄기에는 토마토가 열리고, 땅속줄기에는 감자가

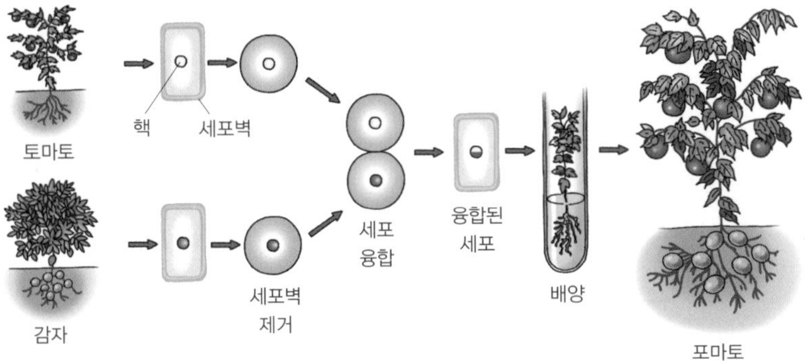

▲ 세포 융합

자라는 거죠. 이 식물을 포마토라고 불러요. 그런데 아쉽게도 포마토의 상품성은 높지 않다고 해요. 그래도 세포 융합 기술을 이용하면 유용한 물질이나 식량 생산에 많은 도움이 될 수 있을 거예요.

아하! 심화개념

일란성 쌍둥이와 이란성 쌍둥이는 어떻게 다를까?

유전자가 똑같은 일란성 쌍둥이는 어떻게 태어날까요? 앞서 정자와 난자가 만나 수정이 되면 수정란은 난할을 시작한다고 배웠어요. 난할은 한 번 일어나면 2세포기가 되죠. 이때 어떤 원인으로 두 개의 세포가 떨어지는 경우가 생겨요. 이후 각 세포는 다시 난할을 시작해 각각의 개체가 됩니다.

이란성 쌍둥이는 난자가 두 개 배란되어 태어나요. 각각의 난자가 정자와 만나 수정되고, 두 개의 수정란이 각각 아기가 되는 거죠. 이때는 두 난자와 정자 모두 각각 유전자가 다르기 때문에 이란성 쌍둥이는 생김새가 달라요.

임신이 어려워서 시험관 시술을 하는 경우가 있는데요. 시험관 시술은 호르몬 조절로 다수의 난자를 배란시키고, 시험관에서 정자와 수정시킨 후 배아를 자궁에 착상시키는 거예요. 이때 착상 확률을 높이기 위해 배아를 두세 개 정도 넣기 때문에 쌍둥이가 태어날 수 있어요. 이렇게 태어난 쌍둥이는 유전자가 다른 이란성 쌍둥이예요.

유전자 기술은 무한정 발전시켜야 할까?

'유전자 재조합 콩'이란 말을 들어봤을 거예요. 콩을 재배하는데 곤충이 콩잎을 먹어 콩 생산량이 떨어지는 일이 생기곤 했죠. 그래서 곤충이 싫어하는 냄새를 만드는 유전자를 콩의 DNA 속에 넣었어요. 그러자 냄새 때문에 곤충이 잎을 먹지 않게 되면서 콩 생산량이 크게 늘었습니다.

그런데 유전자 재조합으로 만들어진 콩의 잎을 염소 같은 초식 동물이 먹자, 이 동물들에게 알 수 없는 질병이 생겼어요. 동물들은 거품을 물면서 쓰러지기를 반복했지요. 원인이 정확히 밝혀지진 않았지만, 콩잎 속의 재조합된 유전자가 이상을 일으키지 않았다는 근거는 없었어요.

이 외에도 유전자 변형 식물은 우리 주변에 많아요. 이는 유전자 변형으로 인한 문제가 계속 일어날 수 있다는 의미이기도 하죠. 어쩌면 우리는 인간의 삶을 조금 윤택하게 하려다가 더 큰 피해를 받을지도 모르겠어요. 그러므로 유전자 기술은 윤리, 환경, 건강 등 다양한 부분을 고려해서 연구해야 합니다.

6부

다양한 생물은 어떤 의미가 있을까

갈라파고스 제도에서는 왜 섬마다 핀치의 부리 모양이 다를까요?

노새는 생물학적으로 무슨 종일까요?

1

공존하는 다양한 생물

| 생물 다양성과 생물의 분류 |

거미는 왜 곤충이 아닐까요?

바다에 사는 미역과 다시마는 식물일까요?

지구상에는 인간을 비롯해 수많은 종의 생물이 살고 있어요. 그런데 생물은 어떤 과정을 거쳐 이렇게 다양해졌을까요? 그리고 이 많은 생물을 어떤 기준으로 분류할 수 있을까요? 이번 단원에서는 생물 다양성과 생물이 다양해지는 과정을 알아볼 거예요. 그리고 생물을 분류

하는 기준과 그 결과 분류된 다섯 가지 계의 특징도 살펴볼게요.

생물은 어떤 과정으로 다양해질까?

우리는 많은 생물들과 공존하며 살아가고 있어요. 여러분 집만 해도 귀여운 강아지나 고양이와 함께 살거나, 산세베리아 같은 화초를 키우고 있을 거예요. 가까운 산이나 숲에서는 다양한 풀과 나무, 새와 곤충, 그리고 다람쥐나 토끼 같은 동물들도 볼 수 있어요. 연못과 강, 갯벌과 바다 등에서도 많은 생물을 만날 수 있지요. 뿐만 아니라 책이나 다큐멘터리를 통해 곰팡이나 고래 같은, 평소 자세히 볼 수 없는 생물의 세계도 배우게 됩니다.

여러분, 지구에는 얼마나 다양한 생물이 살고 있을까요? 지금까지 알려진 생물은 약 200만 종이고, 그중에서 포유류만 약 4,000종이라고 해요. 세균같이 잘 알려지지 않은 생물까지 합친다면 지구상에는 약 1,000만 종의 생물이 있을 거라고 과학자들은 말합니다. 아마존 우림이나 태평양 심해에는 아직 인간이 탐사하지 못한 곳도 있을 테니 충분히 가능성이 있겠네요.

'생물 다양성'이란 무엇일까?

생물 다양성은 어느 지역에 사는 생물의 다양한 정도를 의미해요. 생물 다양성은 종 다양성, 유전적 다양성, 생태계 다양성을 모두 포괄하는 개념이에요. 그중 **종 다양성**은 어느 지역에서의 생물 종의 종류가 다양하고, 종들의 분포 비율이 고른 정도종들의 개체 수가 고른 정도를 말해요. 다음으로 **유전적 다양성**은 같은 종인 생물의 특징이 다양한 정도예요. 유전적으로 표현하면, 대립유전자가 다양하다는 뜻이죠. 그리고 **생태계 다양성**은 생물이 살아가는 생태계가 다양한 정도예요. 생태계의 종류에는 숲, 초원, 사막, 강, 바다 등이 있어요.

그렇다면 생물은 어떤 과정을 거쳐 다양해질까요? 지금부터 차근차근 설명할게요.

같은 종의 생물에서 나타나는 서로 다른 특징: 변이

여러분, 얼룩말을 떠올려보세요. 줄무늬가 참 멋있죠? 그런데 이 줄무늬의 모양은 모두 같을까요? 얼룩말의 줄무늬를 자세히 관찰하면 두께와 간격이 달라요. 같은 종의 생물 사이에서 서로 다른 특징이 나타나는 것인데, 이를 **변이**變 변할 변, 異 다를 이라고 해요.

변이의 예를 더 알아볼게요. 무당벌레의 겉날개에는 점무늬가 있는데, 자세히 보면 무당벌레마다 점의 모양이 조금씩 달라요. 서해비

단고둥도 껍데기에 있는 무늬가 서로 조금씩 다르죠. 사람의 키가 다른 것처럼, 기린의 목 길이도 조금씩 차이가 나요. 이처럼 생물은 작은 차이부터 큰 차이까지 다양한 변이가 생겨요.

변이가 다양한 종은 환경 변화에서 살아남기 유리해요. 세균을 예로 들어볼게요. 페니실린 항생제가 처음 나왔을 때, 대부분의 세균은 세포벽이 약해져 죽었어요. 하지만 세균의 세포벽 변이가 있었고, 어떤 변이는 페니실린에 세포벽이 터지지 않았죠. 사람들은 또 다른 항생제를 개발했지만, 세균의 다양한 변이가 세균을 살아남게 했답니다.

생물 다양성의 원인: '변이'와 '환경 적응'

남아메리카 대륙에서 약 1,000km 떨어진 태평양 동부에는 19개의 섬으로 이뤄진 갈라파고스 제도가 있어요. 여기에는 몸무게가 200kg에 달하는 코끼리거북, 바다이구아나, 갈라파고스펭귄 등 신기한 고유 생물이 많지요. 그런데 섬마다 생물들의 모습이 조금씩 달라요. 왜 그럴까요?

갈라파고스 생물 중에는 핀치라는 새가 있어요. 그런데 섬마다 핀치가 먹을 수 있는 먹이가 달랐어요. 어떤 섬에는 곤충이 많았고, 어떤 섬에는 씨앗이 많았죠. 곤충을 먹는 핀치는 나무를 부리로 쪼아

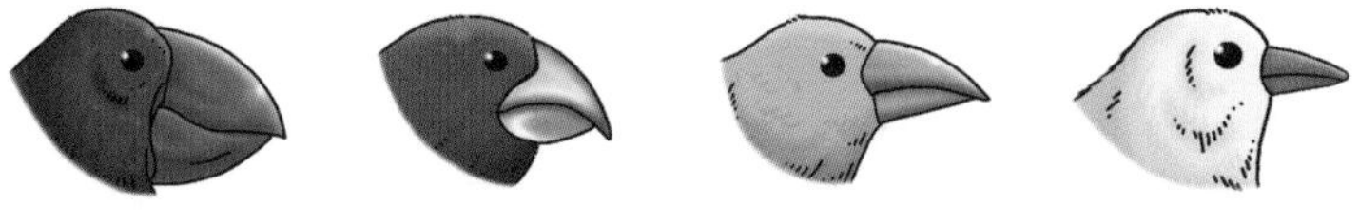

▲ 먹이에 따른 갈라파고스핀치의 부리 모양

숨어 있는 곤충을 잡아먹어야 해요. 나무를 뚫기에는 뾰족한 부리가 유리하겠죠? 한편 씨앗을 먹는 핀치는 호두처럼 단단한 껍데기를 깨야 하므로, 두꺼운 부리가 유리해요. 만약 뾰족한 부리의 핀치가 씨앗이 많은 섬으로 온다면 씨앗을 깨지 못해 생존하기 힘들 거예요. 그러니까 다양한 모양의 부리를 가진 핀치들이 환경에 따라 생존율이 달라져, 섬마다 다른 부리 모양의 핀치가 살게 된 거예요. 여러분, 환경에서 살아남기에 적합한 특징이 자손에게 전달되는 것을 뭐라고 했지요? 맞아요. **적응**이라고 해요.

이처럼 같은 종의 생물에는 다양한 변이가 있는데, 환경에 따라 생존에 유리한 특징을 가진 생물이 살아남아 자손을 남기고, 이 과정이 오랜 세월 반복되면 원래의 생물과 다른 특징을 가진 종으로 분화돼요. 즉, '변이'와 '환경 적응'은 생물이 다양해지는 원인이 된답니다.

퍼그와 닥스훈트는 다른 종일까?

낙타는 등에 지방을 저장하는 큰 혹이 있는데, 이 혹이 하나이면 단봉낙타, 두 개이면 쌍봉낙타라고 해요. 둘 다 낙타니까 같은 종일까요? 두 낙타는 전체적인 모습은 비슷하지만, 혹의 수뿐만 아니라 털의 양도 다르며, 결론적으론 다른 종이에요. 그렇다면 종의 기준은 무엇일까요?

우리는 잠시 후 생물의 분류에 대해 배울 텐데요. 다양한 생물을 분류하기 위해서는 먼저 생물학적 종species의 개념을 알아야 해요. 종은 생물 분류의 기본 단위이기 때문이죠.

종이란 자연 상태에서 짝짓기를 했을 때, 생식 능력이 있는 자손을 낳을 수 있는 생물의 무리를 말해요. 노새는 말과 당나귀 사이에서 태어나는데, 생식 능력이 없어요. 그러므로 말과 당나귀는 서로 다른 종이에요. 사자와 호랑이 사이에서 태어난 라이거도 자손을 낳을 수 없으므로, 사자와 호랑이는 서로 다른 종이지요.

이번에는 개를 생각해볼게요. 퍼그와 닥스훈트는 외모에서 차이가 많이 나지만, 이 둘 사이에서 태어난 강아지는 나중에 자손을 낳을 수 있어요. 퍼그와 닥스훈트는 서로 다른 종처럼 보이지만 모두 개라는 한 종이기 때문이에요.

수많은 생물을 어떻게 분류할까?

개와 고양이의 외모와 성질을 생각해보면 호랑이는 둘 중 어느 동물과 비슷하죠? 그래요. 고양이예요. 늑대는 개와 비슷하고요. 지구에는 많은 생물이 있고, 우리는 다양한 생물을 나누는 기준을 정할 필요가 있어요.

생물 분류의 방법과 의미

생물을 나눌 때는 공통점과 차이점을 고려해요. 오징어와 문어는 둘 다 바다에서 살고, 몸이 물렁물렁하며, 먹물을 쏘죠. 하지만 짝짓기를 해서 자손을 낳을 수는 없으니 서로 다른 종의 생물이에요. 오징어와 문어는 어떻게 구별할 수 있을까요? 맞아요. 오징어 다리는 열 개, 문어 다리는 여덟 개니까, 다리 개수라는 차이점을 가지고 구별할 수 있겠네요. 그럼 오징어와 게는 어떻게 구별할까요? 오징어는 물렁물렁한 반면, 게는 딱딱한 외골격으로 싸여 있어요.

이처럼 어떤 기준에 따라 생물을 공통된 특징을 가진 무리로 나누는 것을 **생물 분류**라고 해요. 생물 고유의 특징에 따른 생물 분류는 같은 무리의 생물의 특징을 파악하고, 생물 사이의 관계를 이해하고, 새로 발견한 생물을 어느 무리에 넣을지 결정하는 데 도움이 돼요.

사람과 호랑이는 같은 '강'이지만 다른 '목'이라고?

생물을 분류하는 단위에는 '종'만 있는 게 아니에요. 생물을 분류할 때는 비슷한 특징이 많은 '종'끼리 '속'으로 묶고, 더 큰 범주로 비슷한 무리를 '과'로 묶어요. 그리고 이렇게 점점 큰 범주로 묶어, 생물의 분류 단계를 다음과 같이 정했습니다.

종 < 속 < 과 < 목 < 강 < 문 < 계

즉, '종'으로 갈수록 세분화된 분류 단위이고, '계'로 갈수록 큰 분류 단위가 돼요. 참고로 '계'보다 더 큰 분류 단위로 '역'이 있는데, 여기서는 '계'까지만 이야기할게요.

예를 들어, 사람과 호랑이를 작은 범위부터 분류해보면 다음과 같지요.

- 사람종 – 사람속 – 사람과 – 영장목 – 포유강 – 척삭동물문 – 동물계
- 호랑이종 – 표범속 – 고양잇과 – 식육목 – 포유강 – 척삭동물문–동물계

생물에는 동물과 식물만 있는 게 아니라고!: 생물의 5계

생물은 어떤 특징으로 나누면 좋을까요? 생물 중 식물과 동물은 양분을 얻는 방법으로 나눈 거예요. 식물은 움직이지 못하므로 광합성을 통해 양분을 스스로 만들어요. 반면, 동물은 여기저기로 움직이면서 먹이를 섭취함으로써 양분을 얻죠. 그런데 생물은 동물과 식물 외에도 더 분류할 수 있답니다.

18세기 초, 스웨덴의 식물학자인 칼 린네는 생물의 분류 체계와 명명법을 정리했어요. 참고로 명명법은 생물의 이름을 짓는 방법이

에요. 명명법에 대해서는 뒤에 나오는 '아하! 심화개념'에서 자세히 다룰게요. 린네도 처음 분류를 시작했을 때는 동물계와 식물계, 이렇게 2계 분류 체계로 나눴어요. 하지만 현미경이 발달하면서 사람의 육안으로는 볼 수 없었던 아메바나 짚신벌레 등을 관찰하기 시작했어요.

그래서 19세기 중반에 독일의 생물학자인 에른스트 헤켈은 원생생물계를 추가한 3계 분류 체계를 제시했어요. 이후 분류 체계는 더 세분화되어, 원생생물계에서 핵막세포의 핵을 둘러싼 막이 없는 원핵생물계를 분리한 4계 분류 체계로 나눴어요.

그리고 20세기 중반에 미국의 생태학자인 로버트 휘태커가 버섯과 곰팡이처럼, 움직이지는 못하지만 죽은 나무나 생물에서 양분을 흡수하는 생물들을 식물계에서 균계로 분류해 5계 분류 체계를 만들었어요. 즉, 생물의 5계는 동물계, 식물계, 균계, 원생생물계, 원핵생물계로 나뉘어요. 현재는 생물을 5계보다 더 분류하지만, 여기서는 5계를 기준으로 설명하겠습니다.

그럼 가장 큰 분류 단계인 '계'는 어떤 특징을 기준으로 생물을 나누는지 알기 위해, 다음 '5계의 분류 기준'을 볼게요.

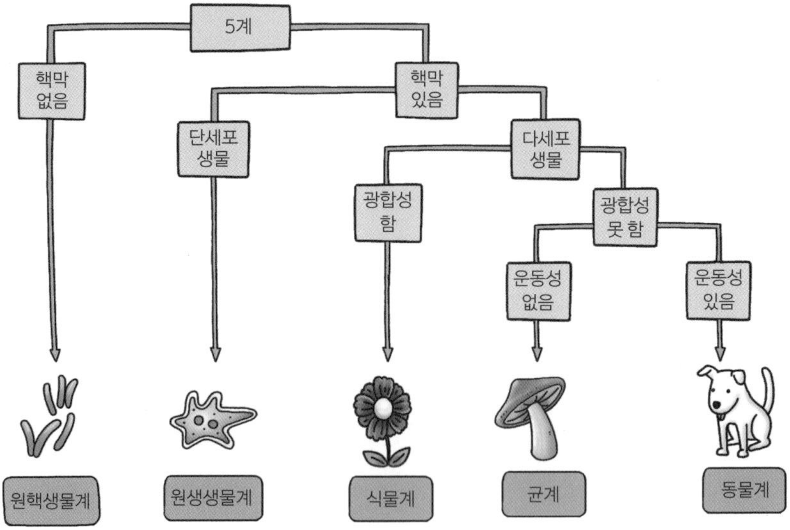

▲ 5계의 분류 기준

잠깐! 초등개념

생물의 분류

우리는 땅이나 물, 하늘에서 많은 동물을 볼 수 있어요. 또한 들이나 산, 연못 등에서 다양한 종류의 식물을 볼 수 있죠. 그래서 생물 하면 동물과 식물이 가장 먼저 떠올라요. 하지만 우리 주변에는 동물이나 식물 외에 균류, 원생생물, 세균 등도 살고 있어요.

그럼 각각의 특징을 살펴볼게요. 동물은 다른 생물을 먹음으로써 양분을 얻고, 다른 곳으로 움직일 수 있으며, 알이나 새끼를 낳아 번식해요. 식물은 광합성을 통해 스스로 양분을 만들며, 씨앗 등으로 번식하죠.

다음으로, 균류는 몸 전체가 기다란 균사로 이뤄져 있고, 포자로 번식하며, 죽은 생물이나 다른 생물에게서 양분을 얻어요. 또한 따뜻하고 축축한 환경에서 잘 자라죠. 대표적인 균류에는 버섯과 곰팡이가 있어요. 마트 채소 코너에 진열된 버섯이 알고 보니 식물이 아니라 균류였네요!

한편 짚신벌레나 해캄, 아메바 등은 원생생물이라고 불러요. 이들은 모습이 단순하고, 물이 고인 연못이나 물살이 느린 하천 등에서 살아요.

세균은 균류나 원생생물보다 작아요. 세균의 모습을 보면 공 모양, 막대 모양, 나선 모양 등이며 꼬리가 있기도 하죠. 세균은 다른 생물의 몸이나 물, 땅, 우리 주변의 물건 등 다양한 곳에서 살아요.

운동성이 있고, 먹이로 양분을 얻는 동물계

동물계는 세포에 핵막으로 둘러싸여 뚜렷한 핵이 있는 다세포 생물 중에서 운동성이 있고, 다른 생물을 먹이로 양분을 얻는 생물이에요. 동물계는 몸에 기관이 발달했어요. 말이나 독수리뿐 아니라 바닷속에 사는 조개와 말미잘, 그리고 곤충도 모두 동물계에 속해요.

동물계에는 36개의 '문'이 있어요. 대표적으로, 말이나 독수리처럼 척추가 발달한 동물은 척삭동물문, 조개나 오징어 등은 연체동물문, 곤충은 절지동물문, 말미잘은 자포동물문, 지렁이는 환형동물문에 속해요. 이 중 다양한 종이 있는 척삭동물문, 연체동물문, 절지동물문을 조금 더 알아볼게요.

먼저 사람이 포함된 척삭동물문을 보죠. '문'보다 세부적인 분류 단계는 뭐였죠? 맞아요. '강'이에요. 우리는 보통 포유류, 파충류라고 하는데 정확히 표현하면 포유강, 파충강이라고 해야 해요. 척삭동물문은 물에 살고 아가미로 호흡하는 어강, 개구리처럼 물과 땅에서 사는 양서강, 악어와 뱀처럼 피부가 비늘로 덮여 있는 파충강, 깃털이 있고 알을 낳는 조강, 털이 있고 젖을 먹는 포유강 등으로 나눌 수 있어요. 그리고 포유강에는 먹이를 잡아먹는 육식성인 식육목, 쥐처럼 지속적으로 앞니가 자라는 설치목, 엄지와 눈이 발달한 영장목 등이 있어요. 영장목인 원숭이와 인간은 다음 분류 단계인 '과'에서 나뉘며, 인간은 사람과 – 사람속 – 사람종에 속해요.

연체동물문은 절지동물문 다음으로 많은 종의 생물이 있어요. 그래서 일단 외형상 특징을 기준으로 크게 '강'을 나누고, 더 세세한 특징으로 '목'을 나눠요. 오징어나 문어는 발이 머리에 달렸다고 해서 '머리 두頭', '발 족足'을 써 두족류두족강라고 해요. 우리는 오징어 끝의 삼각형 부분을 흔히 머리나 귀라고 부르는데, 이는 잘못된 표현이에요. 발이 머리에 달렸으니 지느러미라고 불러야겠군요. 다음으로, 달팽이처럼 배로 기어가는 종류를 복족류[복족강]라고 해요. '배 복[腹]', '발 족[足]'을 썼네요. 배가 발이라니 재밌죠? 조개는 발이 도끼 모양이라서 '도끼 부[斧]'를 써 부족류[부족강]라고 하고, 껍데기가 두 개라 '두 이[二]'를 써 이매패라고도 해요. 그리고 군부처럼 여러 개의 껍데기가 있으면 '많을 다[多]'를 써서 다판류[다판강]라고 부릅니다.

이번에는 가장 많은 생물 종이 있는 절지동물문의 분류에 대해 알아볼까요? 절지동물문은 곤충을 포함하며, 무려 100만 종 이상이 밝혀졌어요. 절지동물은 몸에 마디가 있고, 다리 숫자가 주요 분류 기준이 돼요. 먼저 곤충류[곤충강]는 몸이 머리, 가슴, 배로 나뉘고 다리가 세 쌍이에요. 곤충류는 절지동물 중에서 종의 수가 가장 많아, 파리목, 벌목, 나비목 등 30개 정도의 목으로 나누고, 파리목에만 약 15만 종의 생물이 있어요. 거미를 곤충이라고 생각하는 경우가 있는데, 거미류[거미강]는 머리가슴과 배, 두 부분으로 나뉘고 다리는 네 쌍이에요. 다지류[다지강]는 지네처럼 많은 다리를 가지고 있으며, 갑각류[갑각강]는 물속에서 생활하는 게와 새우 등이 그 예죠.

운동성이 없고, 스스로 양분을 만드는 식물계

식물은 핵막이 있는 다세포 생물 중에서 광합성을 할 수 있어 스스로 양분을 만드는 생물이에요. 또한 세포에 세포벽이 있고, 대부분 뿌리, 줄기, 잎 같은 기관이 발달했어요. 우리가 주변에서 많이 보는 나무와 풀이 식물계에 포함돼요. 식물계는 현재 열 개의 '문'으로 나눠요. 대표적인 '문'의 특징들을 간단하게 살펴볼게요.

식물은 크게 관다발*이 있는가 없는가, 종자씨앗를 만드는가 아닌가를 기준으로 나눠요. 관다발이 없는 식물로는 선태식물이 있어요. 선태식물은 종자를 만들지 못하고, 포자를 만들어 번식해요. 관다발이 없어 습기가 많은 곳에 서식하죠. 우산이끼, 솔이끼, 뿔이끼 등이 선태식물에 해당해요.

양치식물문은 관다발은 있지만 덜 발달해, 산속이나 숲속 음지에서 서식해요. 양치식물도 선태식물처럼 종자 대신 포자를 만들어요. 양치식물의 대표적인 예는 고사리예요.

함께 생각해요!

* **관다발 :** 앞서 식물의 광합성과 호흡을 배울 때, 물관은 식물의 뿌리에서 흡수한 물과 무기염류가 이동하는 통로이고, 체관은 식물의 잎에서 합성한 양분이 이동하는 통로라고 했어요. 관다발은 물관, 체관, 그리고 부피 생장을 하는 형성층으로 이뤄진 조직계를 말해요. 형성층은 물관부와 체관부 사이에 있는 조직으로, 세포 분열이 왕성하게 일어나며, 부름켜라고도 하죠. 식물에 따라서는 관다발 내에 형성층이 없기도 해요.

종자식물은 관다발이 발달했고, 종자로 번식해요. 종자식물은 씨방이 없는가 있는가를 기준으로 겉씨식물과 속씨식물로 나눠요. 소나무나 은행나무처럼 씨방이 없어 밑씨가 겉으로 드러나 있는 식물을 겉씨식물이라고 해요. 소나무와 은행나무는 각각 구과식물문, 은행식물문에 속하죠. 진달래나 무궁화처럼 밑씨가 씨방 안에 있는 식물을 속씨식물이라고 해요. 속씨식물은 현화식물문 하나로, 꽃을 피워요. 식물계 중 가장 많은 약 25만 종이 여기에 포함돼요.

움직일 수도 없고 광합성도 못 하는 균계

균계는 핵막이 있는 다세포 생물일부는 단세포 생물 중에서 운동성이 없고, 광합성으로 스스로 양분을 만들지 못해 죽은 생물의 몸이나 배설물 등을 분해해서 양분을 얻는 생물을 말해요. 버섯이나 곰팡이 같은 균계 생물의 몸은 섬세한 실 모양의 균사로 이뤄져 있답니다.

균계에는 버섯이나 곰팡이 외에도 무려 10만 종의 균류가 있어요. 균계는 생물의 사체나 배설물을 분해하기 때문에 건전한 생태계를 위해 꼭 필요한 생물이에요.

핵막이 있는 생물 중 동물계, 식물계, 균계가 아니면 원생생물계

원생생물계는 핵막이 있는 생물 중에서 동물계, 식물계, 균계를 제외한 생물이에요. 대부분 단세포 생물이며 물속에서 살아요. 유글레나, 짚신벌레, 아메바 등이 원생생물이죠. 그리고 미역도 원생생물이라는 사실을 알고 있나요? 김, 미역, 다시마는 모두 다세포 원생생물이랍니다.

핵막이 없는 원핵생물계

원핵생물계는 세포에 핵막이 없는 생물로, 식물과는 다른 성분의 세포벽을 가지고 있어요. 원핵생물은 단세포 생물인데, 일부는 군체를 이루기도 해요. 포도상 구균, 대장균 같은 대부분의 세균이 원핵생물에 속하죠. 원핵생물은 크기가 작아서 현미경을 사용해야 볼 수 있어요. 대부분의 세균은 다른 유기물을 분해하며 살지만, 남세균 같은 종류는 광합성으로 유기물을 만들어 사용하기도 해요.

아하! 심화개념

생물의 이름은 어떻게 지을까?

우리가 자주 접하는 생물은 부르는 데 문제가 없어요. 하지만 지구상에는 정말 많은 생물이 존재하고, 새로운 생물이 계속 발견되고 있어요. 이 많은 생물의 이름을 짓는 일이 쉽지는 않겠죠? 가장 큰 문제는 각 나라마다 언어가 다르다는 거예요. 그래서 생물의 이름을 정하는 기준이 필요해요. 18세기에 린네는 생물의 이름을 짓는 명명법을 처음 만들었어요. 린네가 만든 명명법을 '이명법'이라고 해요.

사람을 흔히 '호모 사피엔스'라고 하는데, 이명법으로 정확히 쓴다면 다음과 같아요.

Homo	*sapiens*	Linné
속명	종명	명명자

이처럼 생물의 이름을 지을 때는 속명을 앞에, 종명을 뒤에 써요. 그리고 종을 발견한 사람의 이름을 써서 명명법을 완성하지요. 이것은 국제적으로 통용되는 이름으로, '학명'이라고 해요.

현재 사람은 '사람과 – 사람속 – 사람종' 하나지만, 약 40만 년 전에 출현한 네안데르탈인은 학명이 호모 네안데르탈렌시스*Homo neanderthalensis*로, 현생 인류와 속명까지 같아요. 우리는 약 300만 년 전에 출현한 원시 인류인 오스트랄로피테쿠스 아파렌시스*Australopithecus afarensis*를 흔히 오스트랄로피테쿠스로 줄여서 말하는데, 이는 속명이에요. 네안데르탈인과 비교할 때, 학명만으로도 현재의 인류와 조금 더 다르다는 것을 알 수 있죠? 공원에 가면 보통 식물의 이름표가 붙어 있어요. 자세히 보면 학명도 함께 표기되어 있으니 읽어보면 재밌을 거예요.

생물 다양성이 줄어들면 생태계 평형에 어떤 영향을 미칠까요?

세균과 곰팡이를 왜 '자연의 청소부'라고 할까요?

2

왜 생물 다양성을 지켜야 할까?

| 생물 다양성의 보전 |

도로 옆에 난 생태 통로는 어떤 역할을 할까요?

생물 다양성을 보전하기 위해 개인이 할 수 있는 일에는 어떤 게 있을까요?

여러분, 벌써 이 책의 마지막 단원이네요. 이제까지 생물에 관한 많은 이야기를 했는데요. 나, 인간, 동물을 넘어 지구상의 많은 생물을 이해할 수 있는 시간이었길 바랍니다. 분명 여러분은 이 책을 펼치기 전보다 생물을 훨씬 더 소중히 여기게 되었을 거예요. 지금부터는 생물 다양성의 중요성을 확인하고, 생물 다양성을 보전하기 위해 어떤 노력을 해야 할지 살펴볼게요.

왜 생물 다양성이 중요할까?

우리는 앞 단원에서 지구상에 살고 있는 수많은 생물에 대해 알아봤어요. 생물들은 그 존재 자체로 소중하므로, 우리는 생물들을 보호해야 합니다. 그리고 생물 다양성은 매우 중요한 역할을 해요. 먼저 생물 다양성이 높으면 생태계가 안정된 상태를 유지할 수 있어요. 또한 우리는 다양한 생물을 통해 많은 자원을 제공받죠. 생물 다양성은 지구의 환경을 보전하는 데도 큰 역할을 한답니다.

생태계 평형을 유지하는 생물 다양성

지구 곳곳에는 다양한 생태계가 있어요. 비가 많이 오고 기온이 높은 적도 지방에는 열대 우림 생태계가, 추운 극지방에는 툰드라 생태계가 존재하죠. 그리고 생태계를 구성하는 생물은 다른 생물들과 상호작용을 하면서 살아가요.

잠깐! 초등개념

생태계를 구성하는 요소

생태계란 일정한 지역에서 서로 영향을 주고받는 생물 요소와 비생물 요소를 통틀어 말해요. 지구상에는 숲, 초원, 사막, 호수, 강, 바다 등 크고 작은 생태계가 있어요. 그럼 생물 요소와 비생물 요소는 무엇일까요? 간단히 말하면, 생물 요소는 살아 있는 생물이고, 비생물 요소는 살아 있지 않은 것이에요.

생물 요소는 양분을 얻는 방법에 따라 생산자, 소비자, 분해자로 나눠요. 이때 생산자는 햇빛빛에너지 등을 이용해 양분을 만드는 생물로, 광합성을 하는 식물이 대표적인 예죠. 소비자는 사자, 독수리, 토끼처럼 다른 생물을 먹이로 하여 양분을 얻는 생물이고, 분해자는 세균이나 곰팡이처럼 생

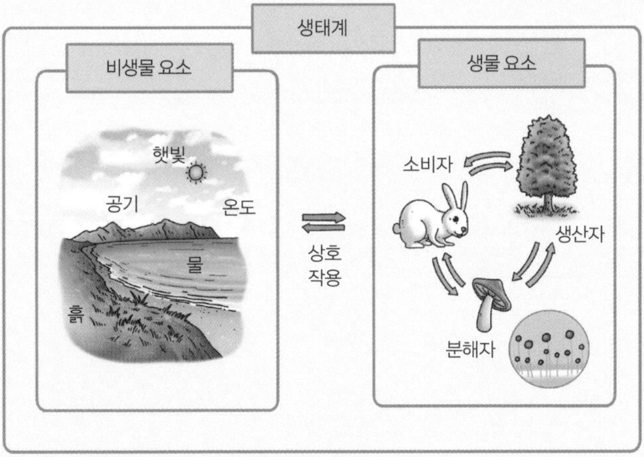

▲ 생태계의 구성

물의 사체나 배설물을 분해해서 양분을 얻어요. 한편 비생물 요소에는 생물을 둘러싼 햇빛, 공기, 온도, 물, 흙토양 등이 있어요.

생태계에서는 다양한 생물이 서로 영향을 주고받으면서 균형을 이루며 살아가고 있습니다. 생물들은 먹이 사슬과 먹이 그물을 형성하는데, 먹이 사슬은 생물 사이의 먹이 관계가 사슬처럼 연결된 것이고, 먹이 그물은 여러 먹이 사슬이 그물처럼 얽혀 있는 거예요.

어떤 생태계에서 생물의 종류, 수나 양 등이 크게 변하지 않고 균형을 이뤄 안정된 상태를 유지하는 것을 '생태계 평형'이라고 해요. 그런데 가뭄이나 지진 같은 자연적인 원인이나 인간의 댐 건설, 삼림 파괴 같은 인위적인 원인 때문에 생태계 평형이 깨지기도 합니다.

생태계에서 생물 다양성은 중요해요. 어떤 생물이 멸종하면 이와 연관된 생물들도 당연히 영향을 받기 때문에 생태계 평형이 파괴될 수도 있죠. 그러므로 생물 다양성은 생태계 평형을 유지하는 데 큰 영향을 미쳐요.

생물 다양성이 낮아진다면 어떤 일이 일어날까요? 부엉이의 먹이가 쥐밖에 없다고 가정해볼게요. 쥐가 어떤 이유에서 멸종한다면 부엉이도 멸종할 거예요. 또한 메뚜기를 잡아먹는 쥐가 없으니 메뚜기가 늘어나고, 결국 우리의 주식인 벼를 모두 먹는 사태가 벌어질지도

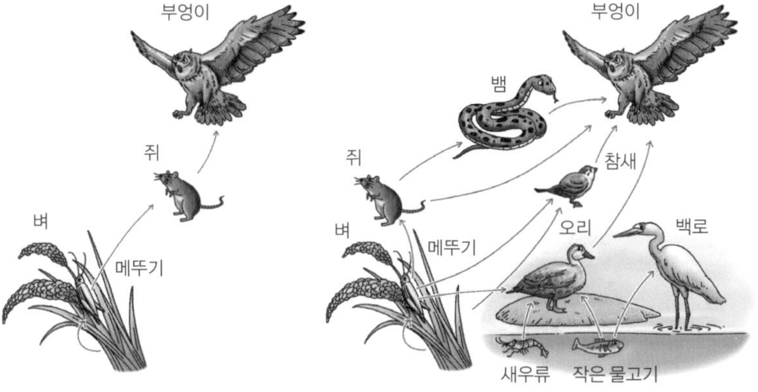

생물 다양성이 낮은 생태계　　생물 다양성이 높은 생태계

▲ 생태계의 생물 다양성 비교

몰라요. 하지만 생물 다양성이 높다면 쥐의 수가 줄더라도 부엉이가 쥐 대신 참새나 뱀을 먹고, 쥐 대신 참새나 오리가 메뚜기를 먹음으로써 생태계 평형을 유지할 수 있어요.

다양한 생물로부터의 자원 제공

다양한 생물은 인간에게 많은 것을 줘요. 쌀, 밀 등 여러 곡식은 식량이 되어 인간이 살아가는 데 필요한 에너지원을 제공하죠. 산삼과 감초 등은 의약품이 되고 푸른곰팡이에서 추출한 페니실린은 세균성 질병을 치료하는 항생 물질이랍니다. 목화, 삼, 양 등은 각각 면옷, 삼베옷, 털옷 등의 재료를 제공해요. 나무는 집이나 가구를 만드는 목재로 사용되지요.

또한 숲은 우리에게 휴식 공간도 제공해줍니다. 삼림욕을 하면 쌓였던 피로가 풀리죠? 따뜻한 바다의 산호나 열대어는 관광 산업으로의 가치가 높아 국가의 큰 수입이 되기도 해요.

우리는 생물의 특징을 모방해서 유용한 제품을 만들기도 해요. 도꼬마리 열매의 갈고리 모양을 본떠 벨크로를 만들거나, 연잎의 미세 구조를 활용해 방수 섬유를 만들 수 있었어요.

다양한 생물의 환경 보전

다양한 생물은 깨끗한 지구 환경이 유지되는 데 중요한 역할을 합니다. 아마존 밀림은 '지구의 폐'라고 하는데, 밀림의 수많은 식물이 광합성을 통해 대기 중 이산화 탄소의 농도를 줄여주고 생물의 호흡에 필요한 산소를 공급하거든요. 특히 이산화 탄소는 지구의 기온을 높이는 온실 기체이므로, 대기 중 이산화 탄소를 줄이는 숲은 무척 중요해요.

세균과 곰팡이는 '자연의 청소부' 역할을 해요. 이들은 많은 생물의 배설물이나 사체를 분해하죠. 이 분해 산물은 다시 생물들이 이용할 수 있어 자연의 물질 순환을 이뤄요. 토양을 건강하게 만드는 땅속 생물이나 물을 정화하는 수생 식물도 있어요.

생물 다양성을 보전하자

명태는 예전에는 '국민 생선'으로 불리며 우리 밥상에 자주 올랐어요. 생태, 동태, 북어 등으로 명태의 다양한 맛을 느낄 수 있었죠. 하지만 이제는 우리 바다에서 명태를 찾아보기 힘들어요. 명태는 한류온도가 비교적 낮은 해류성 어종인데, 지구 온난화로 바닷물의 온도가 상승하고 있기 때문이에요. 요즘 우리가 먹는 명태는 우리나라보다 북쪽인 러시아 바다에서 잡는답니다. 지구 온난화의 주원인은 인간의 화석 연료 사용인데, 이렇게 지구의 기온이 계속 올라가다가는 몇십 년 후에는 러시아산 명태조차 먹지 못할 거예요. 지구 온난화 외에 생물 다양성을 감소시키는 원인에는 무엇이 있을까요? 생물 다양성이 줄어드는 원인과 생물 다양성을 보전할 수 있는 방법에 대해 살펴볼게요.

생물 서식지의 파괴를 막아야 해요

생물 다양성이 감소하는 가장 큰 원인은 서식지의 파괴예요. 인간은 산을 깎고 갯벌을 메워 아파트를 짓고, 도로를 만들어요. 이 때문에 생물들이 살 곳을 잃고, 큰 도로를 건너다가 자동차 사고로 죽는 동물도 많죠. 생물의 서식지를 파괴하는 개발은 우리가 살 땅은 늘리지

▲ 도로 건설로 인한 서식지 단편화

만, 터전을 잃은 생물 중 많은 수를 멸종시키고 있어요.

위의 그림은 숲을 가로지르는 도로를 건설하자 이로 인해 서식지가 단편화된 모습이에요. 대형 동물은 울창한 숲에서 살아야 해요. 그런데 도로가 생기자 울창하던 숲이 작아지고 그 결과 대형 동물이 많이 사라졌네요.

이를 막기 위해서는 지나친 개발을 자제하고, 국립공원과 도립공원을 지정해 생물의 서식지를 보전하면서 생물보호구역을 정해야 해요. 또한 불가피한 공사로 생태계가 끊어진 곳이 있다면 생태 통로를 만들어 동물들이 이동할 수 있도록 해야 하죠. 생태 통로는 서식지 단편화로 인한 생물의 피해를 막는 최소한의 길이에요.

무분별한 남획을 하지 말아야 해요

희귀 동식물을 불법으로 포획하고 생물을 과도하게 남획하는 것도 생물 다양성을 떨어뜨려요. 사람들이 웅담을 한약재로 쓰자 지리산에 살던 반달가슴곰은 멸종 위기에 처했어요. 지금은 복원을 위한 노력을 하고 있죠. 바다에서도 문제예요. 촘촘한 그물로 모든 해양 생물을 싹 거둬 가니까요. 또한 알을 낳는 때라서 고기잡이를 하면 안 되는 금어기에는 생물을 잡으면 안 돼요. 하지만 '나 하나쯤이야' 하는 생각으로 많은 사람들이 잡아 가기 때문에 생물들이 급격히 줄어드는 거예요.

이를 막기 위해서는 멸종 위기 생물을 보호종으로 지정해 생물 보호 인식을 높이고, 국가에서는 생물의 개체 수가 늘어날 수 있도록 연구해야 해요. 또한 금어기를 잘 지키고, 일정 크기보다 작은 생물은 다시 놓아주는 등의 노력으로 생물 다양성을 지켜야 해요.

외래종의 유입을 막아야 해요

황소개구리, 큰입배스, 블루길 같은 외래종으로 인한 토종 생물의 생존 위협과 생태계 파괴 뉴스는 심심치 않게 들려요. 황소개구리는 일반 개구리의 몇 배나 커서 식용으로 들여왔는데, 그냥 방생했다가 우리 생태계를 망쳐놨어요. 뱀이 개구리를 잡아먹어야 하는데, 그 반대의 상황이 연출되기도 하죠. 큰입배스와 블루길은 국내 호수를 거의 점령했어요. 요즘에는 미국가재가 국내 하천을 점령했다는 소식도 들려와요. 이 역시 관상용으로 들여왔다가 방생한 결과예요.

앞으로는 외래 생물들의 유입을 통제하고 무단 방생을 조심해야 해요. 또한 유해 생물 종을 지정해 널리 알리고, 국내 생태계로 유입되지 않도록 감시하고 퇴치해야 해요. 토종 생물의 보호를 위해서는 단순히 호기심으로 희귀 동물을 기르지 않도록 노력해야겠죠?

환경 오염을 줄여야 해요

환경 오염도 생물 다양성을 감소시키는 주요 원인이에요. 산성화된 토양에서는 식물과 땅속 생물이 살 수 없어요. 수질 오염은 물에서 사는 생물들이 폐사하는 원인이 되지요.

따라서 공장에서는 오염물 정화 장치를 설치해 정화된 공기와 물을 내보내야 해요. 그리고 화석 연료를 대신할 대체 에너지의 연구 및 개발을 통해 오염 물질을 줄여야 하죠. 개인도 쓰레기 배출량을 가급적 줄여야 해요. 일회용품을 줄이고, 분리수거를 철저히 하고, 불필요한 소비를 자제하는 것도 환경 오염을 막는 길입니다.

생물 다양성의 보전은 한 사람, 한 나라의 노력만으로는 힘들어요.

지금 국제 사회는 생물 다양성 협약, 중요한 습지를 보호하기 위한 람사르 협약 등을 맺으며 다양한 생물이 살아갈 수 있도록 함께 노력하고 있어요. CITES라는 협약을 통해 고래 등 멸종 유기에 처한 야생 동식물을 남획으로부터 보호하기도 하죠.

국가 차원에서는 국립공원이나 그린벨트 등을 지정해서 개발을 제한하고 있어요. 이를 시와 군까지 확대해 도로를 만들 때는 생태 통로를 반드시 만들고, 자연을 보호하는 친환경 도시를 만들도록 노력해야 해요. 또한 국가에서는 천연기념물을 지정하고, 야생 생물을 보호하기 위한 법률을 제정하고, 멸종 위기종 복원 사업을 진행하며, 종자를 보존하는 종자 은행도 운영하고 있답니다.

그렇다면 우리는 무엇을 할 수 있을까요? 개인이 할 수 있는 일은 무척 많아요. 앞서 말한 노력 외에도 가까운 거리는 걷거나 자전거로 이동하고, 에너지를 절약해 화석 연료 사용량을 줄이고, 나무를 지키기 위해 종이를 아껴 사용하는 등 작은 실천부터 시작해봐요. 또한 생물 다양성을 보전하기 위한 다양한 사회적 활동도 할 수 있지요.

소중한 생태계를 지키기 위한 노력들이 모이면 지구상의 수많은 생물을 보호할 수 있고, 생물 다양성을 보전해 생태계가 평형을 유지할 때 우리 역시 자연과 더불어 건강하게 살 수 있습니다. 그러니 우리 모두 이런 노력을 지키겠다고 약속해요!

이 책에 나오는 '중학 생명과학 개념'

이 책에는 얼마나 많은 생명과학 개념들이 담겨 있을까요? 그리고 이 개념들은 중학 교과서의 어느 단원에서 배우게 될까요? 다음 표를 통해 확인해보세요. 이 책을 읽으며 이해한 개념들을 떠올리다 보면 이제 학교 수업이 더 쉽고 재밌게 느껴질 겁니다.

이 책의 차례		이 책에 나오는 주요 개념	중학 과학 교과서 단원
1부 생명과학이란 무엇일까	① 생물은 어떤 특성이 있을까?	생물의 특성, 바이러스의 특성	
2부 동물은 어떻게 생명 활동을 유지할까	① 입에서 장까지, 영양소의 분해와 흡수	몸의 구성 단계, 영양소의 종류와 확인 방법, 소화 기관, 소장에서의 영양소 흡수	2학년: 동물과 에너지/소화
	② 몸속을 끊임없이 도는 혈액	순환 기관, 심장과 혈관의 기능, 혈액의 성분, 온몸 순환과 폐순환	2학년: 동물과 에너지/순환
	③ 살아가기 위해 꼭 필요한 기체 교환	호흡 기관, 호흡 운동의 원리, 날숨과 들숨 시 기체의 이동	2학년: 동물과 에너지/호흡
	④ 노폐물은 반드시 몸 밖으로	배설 기관, 오줌의 생성 과정	2학년: 동물과 에너지/배설
	⑤ 생명 활동에 필요한 에너지는 어떻게 얻을까?	세포 호흡, 기관계의 유기적 작용	2학년: 동물과 에너지/소화, 순환, 호흡, 배설의 관계

3부 식물이 양분과 에너지를 얻는 방법은 무엇일까	① 스스로 양분을 만드는 식물	광합성, 증산 작용	2학년: 식물과 에너지/광합성
	② 식물도 숨을 쉴까?	식물의 호흡, 식물의 양분 저장	2학년: 식물과 에너지/ 식물의 호흡, 광합성 산물 의 이용
4부 우리는 어떤 과정으로 자극에 반응하고, 체온을 조절할까	① 감각은 어떤 경로로 만들어질까?	감각 기관, 시각·청각 후각·미각·피부 감각	3학년: 자극과 반응/ 감각 기관
	② 몸의 기능을 조절하는 두 가지 방법과 항상성	신경계, 호르몬, 항상성	3학년: 자극과 반응/신경계와 호르몬
5부 우리의 몸은 어떻게 자라고, 어떻게 자손에게 특징을 전달할까	① 생물의 몸이 자라 자손을 남기기까지	염색체, 체세포 분열, 생식 세포 분열, 사람의 발생	3학년: 생식과 유전/생식과 발생
	② 부모의 특징이 자손에게 전해지는 법칙들	우열의 원리, 분리의 법칙, 독립의 법칙, 사람의 유전, 생명공학 기술	3학년: 생식과 유전/유전
6부 다양한 생물은 어떤 의미가 있을까	① 공존하는 다양한 생물	생물 다양성, 변이와 환경 적응, 생물의 분류, 생물의 5계	1학년: 생물의 다양성/생물 다양 성, 생물의 분류
	② 왜 생물 다양성을 지켜야 할까?	생물 다양성의 중요성, 생 물 다양성을 보전하는 방 법	1학년: 생물의 다양성/생물 다양 성 보전

생명과학이 이렇게 쉬울 리 없어

초판 1쇄 발행 2022년 1월 28일
초판 3쇄 발행 2023년 10월 20일

지은이 | 윤자영

발행인 | 박재호
편집팀 | 강혜진, 송지영
마케팅팀 | 김용범, 권유정
총무팀 | 김명숙

디자인 | 석운디자인
일러스트 | 백용원
종이 | 세종페이퍼
인쇄·제본 | 한영문화사

발행처 | 생각학교
출판신고 | 제25100-2011-000321호
주소 | 서울시 마포구 양화로 156(동교동) LG팰리스 814호
전화 | 02-334-7932 팩스 | 02-334-7933
전자우편 | 3347932@gmail.com

© 윤자영 2022

ISBN 979-11-91360-394 (44400)
979-11-91360-370 (세트)

• 이 책은 저작권법에 따라 보호받는 저작물이므로 무단 전재와 복제를 금지합니다.
책의 일부 또는 전부를 이용하려면 저작권자와 생각학교의 동의를 받아야 합니다.
• 잘못된 책은 구입하신 곳에서 바꿔드리며, 책값은 뒤표지에 있습니다.